国家自然科学基金资助项目（编号 51408343）

非常绿建——
乡土生态智慧

王江　著

U0251209

江苏凤凰科学技术出版社·南京

图书在版编目（CIP）数据

非常绿建：乡土生态智慧 / 王江著 . -- 南京：江苏凤凰科学技术出版社，2021.10
（非常绿建系列丛书）
ISBN 978-7-5713-2169-7

Ⅰ．①非… Ⅱ．①王… Ⅲ．①建筑设计－作品集－世界－现代 Ⅳ．① TU206

中国版本图书馆 CIP 数据核字 (2021) 第 158985 号

非常绿建——乡土生态智慧

著　　　者	王　江
项 目 策 划	凤凰空间/杨　琦
责 任 编 辑	赵　研　刘屹立
特 约 编 辑	杨　琦

出 版 发 行	江苏凤凰科学技术出版社
出版社地址	南京市湖南路1号A楼，邮编：210009
出版社网址	http://www.pspress.cn
总 经 销	天津凤凰空间文化传媒有限公司
总经销网址	http://www.ifengspace.cn
印 刷	雅迪云印（天津）科技有限公司

开　　　本	710mm×1000mm 1 / 16
印　　　张	14
字　　　数	200 000
版　　　次	2021年10月第1版
印　　　次	2021年10月第1次印刷

标 准 书 号	ISBN 978-7-5713-2169-7
定　　　价	98.00元

序

　　主流绿色建筑往往是从节能建筑发展而来的。节能的重要性主要体现在两个方面：其一，能源是人类不断提高生产、生活水平和发展经济的重要依靠；其二，消耗化石能源是环境污染和全球气候变暖的重要诱因。但是，在科学家确定的地球面临危机的九大生态边界中，并无能源危机的席位，节能显然是人类特有的话题和特殊需要，自然生态系统并不存在能源危机。这启示我们，真正解决地球可持续发展，需要从唯节能论的单一主张，真正走向生态论的综合视域，更开阔地理解和对待绿色建筑。

　　从生态可持续角度去理解绿色建筑，能够全面满足绿色生态各方面要求的当然最好，侧重于解决水资源再生利用、生物多样性保护、土地和空间高效利用、建材循环使用等某方面的建筑，也并不比单纯侧重于节能的建筑更低一等，它们应该得到同样的评价，引起同样的关注。任何一个侧面的努力和进步，都可以为我们最终趋近生态可持续的理想目标积累经验、创造价值。从这个角度看去，绿色建筑的数量不是少了，而是相当大量且多元，只不过以绿色建筑评价标准来看，这些建筑可能都不够"标准"。但标准是操作层面的机械约束，是一种带有时效性的推广策略，不能作为学术层面的价值评判依据。在绿色建筑评价标准的地位越来越高、越来越普及的时候，我们更应该把眼光投向那些丰富多彩的别样绿色建筑，避免其被遮蔽，使我们失去有价值的思想和技术财富。

　　如果把学界倡导和政府主推的被动式建筑和评价标准导向出来的绿色建筑称为主流绿色建筑，那么那些主流之外、采用特殊手段，或因本身的特殊功能要求而必须达到生态环保目的的绿色建筑，就可以称为非主流绿色建筑。它们要么包含着对人居环境可持续发展全局的前沿思考和方法探索，要么包含着对主流的反思与批判，抑或着力于用极致的建筑设计手段解决绿色建筑某一方面的问题，有的还在探索在特殊的环境和功能前提下采用非常规的理念和手段来解决生态问题，更有用朴素的本土民间智慧解决生产、生活中的生态问题的尝试，还包括通过跨界嫁接来实现对自然和环境的最大尊重。但不管哪一类都反映出建筑学意义上的本质思考。

　　这些建筑量大面广，但往往被社会和学术界忽视，很少出现在讨论话语中。著者也尽量回避那些已经被大量报道、时常出现在媒体上的案例，而是刻意搜集那些不为人熟知和关注的高品质作品，作为主流之外的一种补充，或许这样可以让这套丛书更具阅读价值。

　　主流和非主流合在一起，就有可能提供一个当今国际绿色建筑发展的全景视域。希望这套丛书能够传达给读者一个信息，绿色建筑不仅仅是严格的技术性标准限制出来的枯燥世界，它很精彩！

目录

第 3 章

第4章

第 1 章

从文化遗产到绿色建筑：乡土建筑的生态智慧及其现代价值

　　人类建成环境时空演化的每一个典型断面，其特定空间组织或系统内的建设行为大都离不开内在或外在的驱动力。猿人为了遮风避雨而仿巢而居，古代人为了聚居生息而夯土筑屋，近代人为了择地栖居而破土开荒，现代人为了追求利润而毁坏生态。未来，人类在建成环境上的主观能动性还会有什么表现呢？自 1987 年联合国环境与发展委员会提出"可持续发展"理念，建成环境与自然环境的相互关系越来越受人关注，在随之兴起的各种新的研究实践领域中，文化遗产与绿色建筑是两支耀眼的主流。绿色建筑的聚焦点是调节环境、建筑与人类之间的关系，而实现方式大体上可分为低技术和高技术两种。低技术绿色建筑产生于人类搭建房屋用于遮风避雨之时，并以很低的成本和很高的环境友好性延续在漫长的前工业化社会历史中。而高技术绿色建筑最初是 1992 年联合国环境与发展大会上出现的一个概念，经过近 30 年的发展，已经演变成为一种高成本、偏重节能的"标签"，用于标识建筑的时代性和卓越性。然而，从目前绿色建筑发展现状看，低技术和高技术之间似乎隔山相望，难以得到重视和科学转化。基于文化学的范畴释义，低技术绿色建筑即是"拥有生态智慧的乡土建筑"，属于一种有形的文化遗产，代表着历史文化与人类文明的结晶，是国家、地域、民族文化特色的重要载体，也是可供利用的重要资源[1]。冯骥才指出，能否将前一阶段创造的文明视作后一阶段必须传承的遗产，是评价人类社会是否步入现代文明的标志之一[2]。因此，从文化遗产中剖析乡土建筑的生态智慧，并对其开展适应性再生研究，可为绿色建筑发展另辟蹊径。

1.1　乡土建筑与生态智慧

　　"乡土建筑"一词源于 20 世纪后半叶，伴随着伯纳德·鲁道夫斯基、埃里克·默瑟和保罗·奥利弗的著作而广为人知。它通常是指传统的、土著的、民间的、大众的建筑，而非学术正统上所认同的古典建筑。根据理论溯源，奥利弗在定义乡土建筑时保留了鲁道夫斯基常用的"大众建筑""没有建筑师的建筑"，甚至是"人民建筑"的说法，将"乡土建筑研究"定义成为一种"本土化的建造科学"[3]。这些建筑的产生源自生活、生产的必然性需求，这与职业建筑师生产的偶然性作品形成了鲜明对比。默瑟在《英国乡土住宅》中将乡土建筑定义为"在特定时间、特定地域内具有一定数量的常见建筑类型"。基于此可知，一种建筑在此时、此地可能是"乡土的"，而在彼时、彼地则可能是"非乡土的"，且随着时间的推移，也很有可能会再次演变成为"乡土的"。国际古迹遗址理事会《关于乡土建筑遗产的宪章》将乡土建筑定义为"散布于乡村地区、富有特色的乡野传统建筑，除了一般的民居住宅外，还包括与居民生活息息相关的寺庙、祠堂、书院、亭塔、楼台、商铺、作坊、牌坊、小桥等"。它们的具体形态反映出了当地环境与气候的特征，具有良好的环境适应性及热舒适性，对生态环境的影响甚小，是一种自给自足、成本效益很高的可持续建筑类型。

　　生态智慧由传统的文化思想和生态哲学衍化而成，来源于万物对环境的适应[4]。它既是生态科学与生态实践有机融合而产生的伦理、道德观念集合，又是人类在对其与自然互惠共生关系的深刻感悟之上成功进行生态实践的能力[5]。生态智慧引导下的乡土建筑实践在环境、社会和经济三重维度上均具有高度的先进性，对"治愈地球共同体正在遭受的生态危机具有极其重要的意义与价值"。生态智慧在包括乡土建筑在内的建成环境领域主要表现在三个方面：一是"天人合一"的人文情怀，是指人类在对当地自然环境的探索中形成的一种人地一体的理念，例如我国道家的"道生万物"思想，将人与自然看成高度相关的统一整体；二是"道法自然"的操作策略，是指人类在生态实践中总结出的朴素的实践法则[6]，除道家的哲学思想外，儒家《礼记》所述"取财于地，取法于天"，亦属于生态实践的方法；三是不逾矩的技术伦理，是指利用道德标准和自然法则作为技术评价标准，只有遵循事物本身发展规律的技术才是好技术，例如老子《道德经》的"以道驭术"思想，强调的是技术行为和技术应用应受到约束，失去道德标准和自然法则约束的技术发展，可能会导致为了功利而不择手段的滥用[7]。

1.2　乡土建筑与绿色建筑

　　对乡土建筑与绿色建筑进行关联研究，旨在从乡土建筑中剖析其生态智慧，借助科学认知和技术转化，使之应用于绿色建筑的设计和建造。为此，当务之急要摸清生态智慧的产生背景、属性、表现和特征等，并评估其生态价值及其再生潜力。根据英国学者约翰·埃尔金顿（John Elkington）1997 年提出的衡量实现可持续发展的环境、社会和经济"三重底线"，从环境、社会和经济的三重维度探究乡土建筑与绿色建筑的关联性。在环境维度上，乡土建筑偏重于对材料的直接利用，极少进行深度再加工，避免了材料循环再生过程中大量的能源消耗和环境污染。在社会维度上，乡土建筑使用者、设计者和建造者往往距离很近甚至高度一体，让建筑在建造、使用和拆除的全过程中始终保持"善治"的自发秩序，形成了深度的文化渗透和情感浸润，在一定程度上避免了因社会生产分工和隔离造成的社会分异和文化缺失。在经济维度上，乡土建筑属于劳动密集型产品，它所推崇的"维持本土生产，引导自助建设"的模式可促进当地家庭作坊式小规模经济的复兴，避免大规模标准化生产所带来的信息不对称、产能过剩等工业化社会的弊病。

　　为了能在乡土建筑的低技术与绿色建筑的高技术之间寻找一种具有缓冲性、可使两者关联融合、兼顾智慧再生的方法，经济学家 E·F·舒马赫在《小的是美好的》一书中提出了中间技术（Intermediate Technology），也称"人性的技术""自力更生的技术"或"适宜的技术"[8]。这种技术具有以下三个特点：一是价格低廉且人人均可享用，二是易于小规模推广应用，三是满足人类的创造需要。他试图把具有熟练双手和智慧大脑的人类重新组织到工业生产过程中，进行小批量的定制化生产，而非大批量的标准化生产。为了获得中间技术，一方面可以利用先进的绿色建筑技术改造传统的乡土建筑技术，另一方面可以对先进的绿色建筑技术进行改进、调整以适应中间技术的需要，还可以基于生态智慧的原型进行实验研究而重新开发出一种适应性再生技术。乡土建筑适应性再生的本质是创造性地发现现代建筑与传统建筑之间的相容性，并有机延续乡土建筑的生态智慧。阿莫斯·拉普普特认为，乡土建筑的建造过程是一种"模型 + 调整"的过程[9]，乡土建筑所体现的生态智慧是经过漫长的自发演变而形成的，应在真实性传承的基础上借助技术手段使其科学再生。埃及建筑师哈桑·法赛探求中间技术在广大乡村大规模推广应用的可行性，主张继承发展传统建造技艺并指导当地居民自助建设[10]。单纯的现代乡土建筑保护技术可以使绝大多数的物质遗产保持其原始状态而实现文化传承，但改变不了其"残遗物景观"的遗产属性。从文化景观的范畴分析，乡土建筑的自然载体是不断生长变化的生命体，自然规律终究会改变载体的外在形态，因此，传承乡土建筑生态智慧的关键在于活态保护和动态利用，采取适当方式在现代绿色建筑中进行适应性再生，使之逐渐恢复成一种"持续性景观"，则是一种更为恰当和永续的策略。刘加平在西北地区窑洞建筑的更新改造中，即对其保温节能等传统营建经验进行了科学研究和现代技术转化。

1.3　主要类型及特征

乡土建筑生态智慧的分类标准多种多样，一是按照建筑气候分区可划分为适应寒冷地区、夏热冬冷地区、夏热冬暖地区的生态智慧；二是按照农业分区可划分为适应农、林、牧、渔等产业环境的生态智慧；三是按照人工干预程度可划分为原生态、半原生态、非原生态等类型的生态智慧；四是按照尺度规模可划分为社区、建筑和节点层面的生态智慧；五是按照时序可划分为传统和现代的生态智慧。本书重点阐述按照第四种分类的方式划分的三种乡土建筑生态智慧，并尝试总结其主要特征和典型做法。

1.3.1　社区尺度的生态智慧

社区是指聚居在一定地域范围内的人们所组成的社会共同体，主要表现为以血缘关系为纽带而形成的氏族或部落，以婚姻和血缘关系为纽带而形成的家庭，以共同的社会经济生活、居住地域、语言和文化心理为纽带而形成的民族等[11]。社区通常是由无数的生命个体和自然要素组成的复杂空间系统，按照不同的系统演化动力机制可分为自组织社区、他组织社区和双重组织社区。

（1）自组织社区。自组织社区是指人类在不断适应自然的过程中逐步形成和发展的社会共同体，它们多在工业社会开始之前就已经形成并演化至今。"天人合一"的传统聚落即是典型代表，其生态智慧具体表现为因地制宜的选址、长时间演化形成的增长性、不规则的肌理和空间等。在没有专家干预的前提下，拥有主动性和决策权的个体关联其自身技能、传统文化、环境文脉及适宜资源，使用传统的低技术开展自助建造，例如荷兰的羊角村。

荷兰羊角村

（2）他组织社区。他组织社区是指在某个历史时期受整体计划和明确指令的支配而形成的社会共同体，权力干预是其形成和发展的驱动力。"主客二分"的西方社区即是典型代表，虽然从中可以辨析出西方早期生态思想，其推崇"人类中心主义"，主张人与自然对立的思想具有明显缺陷，但人类文明的高速发展却与之密不可分。因此，在历史长河中不断"试错"、批判和反思的行为及其发生过程仍属于生态实践的范畴，均有益于彰显生态智慧的作用、深化生态智慧的内涵。他组织社区要经过自上而下的规划与设计才能形成，形态上更多地表现为某一时刻规定形成的机械性、规则性肌理，例如美国佛罗里达州的锡赛德社区等。此外，现代社区大都属于他组织社区，它们沿袭西方国家住房政策和开发模式，通过地产开发统一进行标准化建设，其生态智慧多是通过利用现代的高技术在整体或局部实现绿色社区的愿景。

美国锡赛德社区

印度阿兰若社区

（3）双重组织社区。双重组织社区通过融合他组织社区的统一建造和自组织社区的自助建造而实现，在开发成本、建设效率以及空间品质之间找寻平衡点，利用有组织的渐进性住宅更新策略为低收入群体解决大量正规性住宅的供应[12]。这类社区有利于引导营造经验科学向技术科学转化，是一种适用于新址新建和紧凑开发的新型社区实践模式，例如 2018 年普利兹克奖获得者、印度建筑师巴克里希纳·多西在印度印多尔市主导的阿兰若社区项目。

1.3.2 建筑尺度的生态智慧

这一层级的生态智慧是指人类在世世代代的乡土建筑营造中经过经验的积累与传承，将意识深处反复出现的原始或者典型意象投射于建筑或院落中的一种表现形式[13]。其类型主要包括院落式建筑、独立式建筑和填充式建筑三种。

（1）院落式建筑。院落式建筑的生态智慧因所处气候区不同而表现迥异。在干热气候影响下，院落式建筑的侧面宽度一般小于其高度，形成相对封闭的院落，以减少太阳辐射的影响；而在温带气候下，侧面宽度则大于其高度，院落相对开敞，以获得更多的太阳辐射。这两种类型既可以按照孤立的独门独院方式存在，也可以在水平维度上聚拢在一起，形成更大尺度和范围的社区。传统的院落式建筑除了具有生活功能外，还具有种植、养殖、加工、零售和休闲等功能，其生态智慧表现为功能的综合性和一体化，是一种兼容生活、生产、生态的多功能性空间，例如苏州的古宅庭院。

苏州古宅庭院

（2）独立式建筑。独立式建筑也称紧凑式建筑，其整体空间是由物理界面围合而成的。它的功能空间一般按照垂直方向划分，比如内陆传统农业社区的建筑底层常用于农业生产和畜牧养殖，而上层则用于居住等；与之不同的是，传统农渔混居社区的建筑因要适应潮湿和盐碱环境，其底层多用于储存渔船及工具，还要面对洪水及海平面上升带来的危害，例如美国西雅图的船屋住宅。

美国西雅图船屋住宅

（3）填充式建筑。填充式建筑是指在两栋既有建筑之间加建一栋或更多的建筑，一般要通过对既有地块的进一步细分以腾出新的可建设地块，因此会占用一定面积的开敞空间。为此，既要增加额外的水、电供给等基础设施投入，还要协调新、旧建筑之间的外观和结构冲突。这类建筑一般面宽很窄且进深很大，是 18 世纪殖民时期欧美等国家城市住宅的常用类型，例如荷兰阿姆斯特丹的排屋住宅。

荷兰阿姆斯特丹排屋住宅

1.3.3　节点尺度的生态智慧

节点是乡土建筑中最微观也是最具体的部分，它们既可以通过构造连接的方式表现，也可以通过具象的符号引发他人的共鸣。按照功用的不同，节点级的生态智慧可分为就地取材类、废弃资源类、生物气候类和其他类型等。

（1）就地取材类。就地取材的"材"包括土、石、砖、树、草、竹等乡土材料，其节点因材料的不同而表现出不同的智慧，然而，即使是同一种材料也会因不同的地域而产生差异。例如，茅草屋是使用天然茅草、芦苇、稻草、麦秆、龙须草、鳗草、棕榈叶等材料苫盖屋面或墙身的一种乡土建筑，在亚洲、非洲、欧洲等地得到了普遍应用，然而它们的差异性仅通过以下称谓即可区分：亚洲茅草屋包括中国山东荣成海草房、中国海南白查船型屋、中国云南元阳蘑菇房、日本荻町合掌屋、伊拉克沼泽阿拉伯苇草住宅、马来西亚古晋亚答屋、印度尼西亚巴厘岛梦幻沙滩小屋等，非洲茅草屋包括赤道几内亚茅草屋、卢旺达公园茅草屋、埃塞俄比亚阿拉巴茅草屋等，以及欧洲茅草屋包括英国东安格利亚的草苫房、荷兰羊角村芦苇屋、丹麦勒索厄海草房等。

中国山东荣城海草房

（2）废弃资源类。废弃资源是指对前任所有者没有继续保存和利用价值，而对后任继承者产生利用价值的物质资源，例如食用经济贝类之后产生的废弃贝壳即属于这类资源。由于得不到及时有效的处置，贝壳资源大部分会变成废弃物或低值资源，占据滩涂和土地，腐败发臭，加剧沿海生态环境的污染。可是，在中国福

中国福建泉州蟳埔村蚵壳厝

建泉州蟳埔村"蚵壳厝"与广州小洲村"蚝壳屋"的外墙上，大量废弃的牡蛎壳"望之若鱼鳞然，雨洗益白"[14]。经过对蚵壳厝和蚝壳屋产生、发展的环境史研究发现，两者的生成机理是完全不同的，可从前者毫无章法、后者规则清晰等风貌的差异特征上进行推断。

（3）生物气候类。生物气候类节点用于解决人类对气候变化规律的适应问题，满足人类自身对环境的要求和偏好。它以日照、通风、朝向和降雨等自然要素作为基本资源条件，利用适宜的材料和精明的构造，最大限度地实现室内温湿度的自然调节。例如，印度、孟加拉国等地的土空调属于炎热地区的一种隔热节点构造，我国东北地区的保温塑料棚属于严寒地区的一种保温节点构造，而福建民居中常见的压瓦石做法则属于一种防风节点构造等。

印度陶土管生态土空调

（4）其他类型。这种类型是一些不宜纳于以上生态智慧的生态智慧类型。例如，日本百川乡合掌村为了保护村中大量茅草类乡土建筑免受火灾侵害，每年安排2次大规模消防演习，既是一种措施，也是一种仪式，更是一种活态的乡村文化景观。

日本百川乡合掌村的消防演习

1.4　生态智慧适应性再生的原则与途径

为了对乡土建筑的生态智慧进行科学转化，使之再生成为一种有效且能纳入现代绿色建筑技术体系的中间技术，本书从环境、社会和经济三个方面分别提出相应的原则与途径。

1.4.1　环境性原则与途径

这类原则涉及人类干预自然的能力，既要尽可能地减少甚至避免建造对环境产生的负面影响，又要适时采用环境再生的措施应对和弥补未来可能产生的任何负面影响。

（1）尊重地形环境。基地的地形特征和所处地域的乡土文化是影响乡土建筑的生态智慧适应性再生的两个关键要素。更多地使用自然、有机、可再生和可回收的建筑材料，能够使乡土建筑较好地融入环境与场地，特别是当建筑与环境融为一体时，能够最大限度地减轻对环境和场地造成的负面影响。

（2）善用生物气候。倘若在缺乏能源和资源的环境中争取更好的建筑舒适性，当地的生物气候特征是必须要考虑和加以利用的。相应的生态智慧通常会以建筑节点的形式在系统中发挥作用，因为这些节点能够对一些季节性或日常性的气候因素保持良好的灵活性和适用性。

（3）减少污染浪费。在乡土材料生产时，应更多地倡导手工加工的做法，原材料经过提取、微加工后即可直接用于现场或通过短途运输使用，这样能够大幅度地降低因运输等人为因素所产生的化石能源消耗。此外，对废弃物的高效利用，可使之转变成为一种新的可再生资源，有利于实现乡土材料"从摇篮到摇篮"的相关生态实践。

（4）确保人体舒适。室内热舒适性取决于室内小气候、温度、湿度和风速等，是室内环境和人为因素之间相互作用的结果。由于乡土建筑自身"不动产"的属性，不能随着气候和人的舒适性变化而发生改变，因此需要因地制宜地采用一些低技术或中间技术等措施加以改善。

（5）减轻灾害影响。为避免未来可能要遭遇的洪水、地震、台风、滑坡、沉降等自然灾害，既需要从社区尺度上寻找最适宜的策略，也需要从建筑及节点尺度上施以永久性或临时性的措施。

1.4.2　社会性原则与途径

这类原则涉及乡土建筑发展过程中的领域确定、身份认同、个群关系等问题。代代相传是生态智慧得以继承和发展的必要条件，也是人类不断适应环境差异、克服各种限制、高效利用资源的能力表现。由此可知，生态智慧的再生利用对于增强社会凝聚力将会产生积极的作用。

（1）保护文化景观。对乡土建筑的孤立研究终归属于一种"残遗物景观"，其生态智慧也难以"进化"和传承，倘若将其置于整个文化景观空间，建立起一种系统性的"活态遗产"保障机制，才会有可能使之成为一种有价值的"持续性景观"。

（2）传承乡土技艺。乡土建筑是由无名工匠或匿名建筑师建造的物质遗产，这些遗产中隐藏着大量宝贵的乡土技艺。当代人除了利用它们满足自身情感和审美的需求之外，还应结合现代科学技术的发展，对其进行改进、调整以适应中间技术的发展需要。

（3）鼓励居民创新。乡土建筑的生成过程是集体智慧转化为建造经验的实践过程，它们在适应环境和利用资源等方面表现出明显的独创性。在 20 世纪期间，"生产"的现代建筑尽是与学院派、外文化、国际化有关的个人"创造"作品，恰恰缺少如埃及建筑师哈桑·法赛一样的驻村"工匠"去尽心尽责地帮助居民开展与建筑生产有关的创新工作。

（4）认同非遗价值。乡土建筑中的非物质文化遗产的价值往往容易被忽视，这些价值储存于一个先验的、具有普遍性和客观性的建筑原型内，比如仪式空间，即按照居民对美好生活的需要而建立，是一种生活方式和一种具体形态的结合。

（5）维护社会公正。为了在利益冲突的情况下尽可能地维持社会凝聚力，增强居民对社会的认同感和归属感，公众参与是一种有效的手段[15]。例如，新城市主义的社区规划在项目启动后均要通过数次专家研讨会，将不同层级的利益相关者全部聚集在一起，在有限的时间内集合群体智慧，集中解决存在利益矛盾的相关问题。

1.4.3　经济性原则与途径

经济因素一般与资源的利用效率有关。乡土建筑在建造时通常存在密集型劳动的要求，适度和高效的资源利用可节省成本并避免浪费。

（1）促进双重组织发展。构建一套兼顾政府统一建造和居民自助建造的空间生产机制，既要保障生产者、供应者、政府等提供的基础设施能够得以实施，又要引导居民的无序自发性建造行为演变成为有序的自助性建造。这种机制对缓解地方政府统一建设的资金压力、改善低收入群体等居住环境的困境均是有益的。

（2）推广本地经济活动。可在社区范围内有组织地开展乡土建筑低技术或中间技术的专业培训，举办乡土生态智慧的公益性保护活动或对既有乡土建筑进行示范性改造等。这些经济活动的成功推广，可促进当地乡土材料的小规模工业生产，减少流通型建筑材料的生产和运输需求，会对地方经济发展产生积极影响。

（3）延长建筑生命周期。大力推广乡土建筑生态智慧的再生经验，是为了在将来获取比当下更高的经济价值。已有经验表明，对乡土建筑进行活态保护的成本要低于新建建筑的费用，加上旅游业对乡土和乡村经济的积极影响，也能为当地手工业、小规模工业和建筑业的发展注入活力。

（4）倡导建筑功能混合。与现代建筑所推崇的单一性功能不同的是，绝大多数的乡土建筑是集生活、生产、生态于一体的"三生"功能混合体。当下，这类智慧已经开始应用于城市农业等相关研究，聚拢公共建筑的开敞屋面集体种养农作物，促进食物的本地生产和消费。

（5）节约资源、减少消耗。为了减少各类能源、资源的消耗和废弃物的排放，需要对废弃物及废弃设施等重新开展价值评估，可采用材料循环利用、旧材料再利用甚至"超级利用"等方式，以一种新的生态智慧使之纳入本地社区物质与资源的循环代谢。

1.5　结论

综上所述，乡土建筑的生态智慧因为兼具节约能源的功能，并不比单纯侧重于节能的现代绿色建筑技术更低一等，它们理应得到公正的评价，引起同样的关注。从世界各个角落的社区、建筑和节点中挖掘并归纳隐形的生态智慧，都可以为实现可持续转型目标而积累经验、创造价值。这也是实现从文化自信到文化输出的关键[16]。基于此，绿色建筑的数量并非不够，而是相当大量且多元，只不过以《绿色建筑评价标准》来看，这些乡土建筑可能均称不上"标准绿色建筑"。然而标准是实操层面的机械性约束，也是一种附带时效性的工作推动策略，不能作为学术层面的价值判断依据。适逢我国大力推进绿色建筑标识工作的契机，有必要结合新型城镇化和乡村振兴战略，大力发展乡土绿色建筑，避免乡土生态智慧被忽视，使国家和地方失去有价值的思想和技术财富。

注释

[1] 傅才武, 陈庚. 当代中国文化遗产的保护与开发模式 [J]. 湖北大学学报 (哲学社会科学版), 2010,37(4): 93-98.

[2] 冯骥才. 传统村落的困境与出路 – 兼谈传统村落是另一类文化遗产 [J]. 民间文化论坛,2013,(1): 7-12.

[3] Oliver P. Built to Meet Needs: Cultural Issues in Vernacular Architecture[M]. London: Routledge, 2006.

[4] 余正荣. 生态智慧论 [M]. 北京 : 中国社会科学出版社 ,1996.

[5] 沈清基, 象伟宁, 程相占, 等. 生态智慧与生态实践之同济宣言 [J]. 城市规划学刊,2016,(5):127-129.

[6] 孙杨栩, 唐孝祥. 岭南广府地区传统聚落中的生态智慧探析 [J]. 华中建筑,2012,(10):164-168.

[7] 颜文涛, 象伟宁, 袁琳. 探索传统人类聚居的生态智慧以世界文化遗产区都江堰灌区为例 [J]. 国际城市规划,2017,32(4):1-9.

[8] 舒马赫. 小的是美好的 [M]. 李华夏, 译. 南京 : 译林出版社,2007.

[9] 拉普普特. 住屋形式与文化 [M]. 张玫玫, 译. 台北 : 明文书局,1991.

[10] 王江, 赵继龙, 周忠凯. 乡村聚落社区化进程中规划空间与自助空间协同共生的机制 [J]. 湖南城市学院学报,2014,35(5):33-38.

[11] 王江, 董芙志, 林伟华, 等. 基于原型思维的新型农村社区空间发展策略 [J]. 农村经济,2013,(11):44-47.

[12] 王江, 郭道夷, 赵继龙. 双重组织驱动的住区开放设计模式研究 – 以印度阿兰若住区为例 [J]. 城市发展研究,2018,25(9):117-124+132.

[13] 王江, 侯毅, 武玉珍. 基于原型思维的 "建筑标志性" 现象评析 [J]. 华中建筑,2012,(11):38-41.

[14] 王江, 赵继龙. 贝类废弃资源类乡村文化景观的生成机理与活态保护 [J]. 新建筑,2017,(2):101-105.

[15] 王江, 赵继龙, 张蕾. "三位一体" 的新型农村社区空间建构模式研究 [J]. 城市发展研究,2013,20(12):55-60.

[16] 赵宏宇, 解文龙, 卢端芳, 等. 中国北方传统村落的古代生态实践智慧及其当代启示[J]. 现代城市研究,2018,33(7):20-24.

第 2 章

社区尺度的生态智慧

2.1 自组织类社区

自然界社会性昆虫聚居群落
Social Insect Colony, the Nature World

住区性质：　社会性昆虫聚居空间
建造地点：　自然界
主要智慧：　复杂空间聚居生成
图片来源：　黄琬文，Bonabeau E, Theraulaz G, Dorigo M

　　在自然界中，蜜蜂和白蚁是为数不多的过着聚居生活的社会性昆虫（Social Insect）。它们中所有的个体必须要互助才能共生，不能离群索居；个体和群体之间存在着严格的等级、共生与竞争关系。蜂窝和蚁巢的单元组织在外在环境、内在需求和生物本能的影响下，存在着"重复性与差异性"并存的特征，也造就出不同样貌的群落。

　　蜂窝的基本单元是蜂房，它是一种严格的六棱柱体，一端是敞开的柱顶，另一端是封闭的柱底。蜂窝的生长过程是基于基本单元在水平和垂直两个方向上的复制性扩展实现的。在水平维度上，基本单元按照单边拼接、双边拼接和三边拼接的规则渐进性扩展；每一层网络由内向外依次布局为卵室、花粉房、花蜜房，呈现出同心圆的形态；最外层包裹着一层保护

人造蜂窝

壳，外壳与蜂窝之间形成空气间层，作为蜂窝的交通空间。在垂直维度上，每一层蜂我水平扩展至一定程度后，会逐层向下发展，通常最上面几层的面积是逐渐变大的，之后受到环境或荷载等因素的制约，越往下层面积会逐渐收缩，最终形成椭球状的立体形态，而外壳最下端的开口处是蜂窝的入口空间。此外，

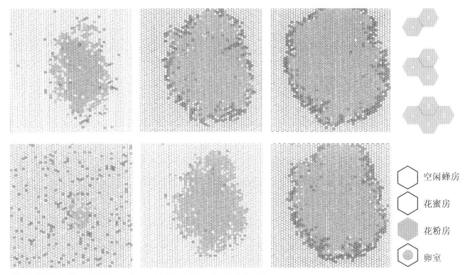

空闲蜂房

花蜜房

花粉房

卵室

蜂窝的基本单元衍生规则图与其网络功能变化分布图

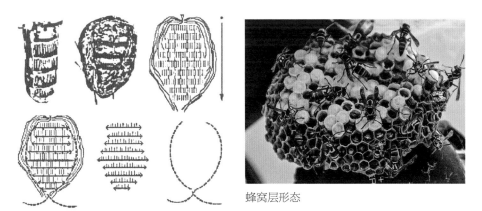

蜂窝层形态

蜂窝剖面结构图、蜂窝交通动线分析图

蜂窝外部形态一

蜂窝外部形态二

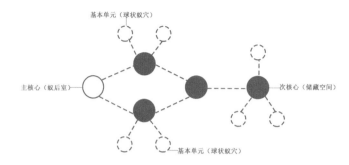

地下蚁巢异质单元组合方式一

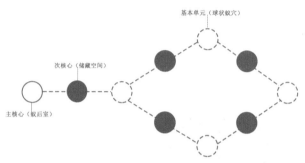

地下蚁巢异质单元组合方式二

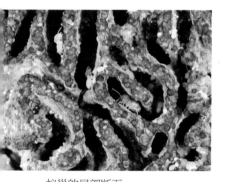

蚁巢的局部断面

蚁巢的局部形态

蜂窝的主要功能空间包括 3 种：居住单元（六角蜂房）、交通空间（水平与垂直）、开放空间（入口大厅）。异质功能通过一对多的方式连接，呈现出树状的形态；而同质功能的居住单元则通过水平和垂直的交通空间连接，形成了自由而多变的立体交通系统。

　　构成蚁巢的基本单元是蚁穴，它是一个不规则的球状空间。从功能上，蚁穴包括蚁后室、食物储藏室、入口、卵室、幼虫室、蛹室等。蚁后室是蚁巢的核心，是蚁后居住的地方。除蚁后室之外，其他蚁穴的功能随着时间、季节及温湿度的变化而不断变动。以地下蚁巢为例，因为虫卵的孵化需要温度的加持，所以卵室距离地面比较近。地下蚁巢的空间分层结构由上到下大致呈现为：入口—卵室—幼虫室—蛹室—蚁后室。食物储藏室是蚁巢的次核心，它是交通空间的节点，通常易达且活跃；储藏室的数量随着蚁群数量的增加而扩张，且不受限制。与地下蚁巢不同的是，常被称为蚁丘的地上蚁巢，虽然

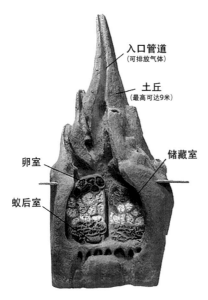

地上白蚁丘剖面图

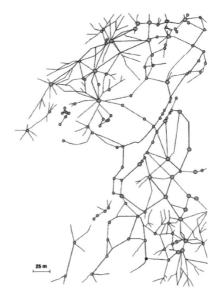

地下超级蚁巢群落拓扑图

白蚁丘

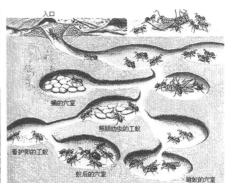

地下蚁巢模型剖面图

其形态突出于地面，但其内部空间结构与地下蚁巢基本相同。蚁巢的功能空间主要分为3种：基本单元蚁穴、食物储藏空间、交通空间。因不受地心引力的限制，交通空间很难按照水平与垂直进行区分。功能空间在联系时需要遵循以下原则：同质功能空间的联系需依赖于异质功能空间的沟通与联络；而异质功能空间在组合上存在两种方式，一是处于交通空间的尽端处，形成独立分支，保证一定的私密性，二是处于交通空间的连接处，多用于驻留、停留空间。

荷兰艾瑟尔羊角村

Giethoorn, Steenwijkerland, Overijssel, the Netherlands

住区性质：　　泛公园式田园聚落

建造地点：　　荷兰艾瑟尔省斯滕韦克兰自治市

用地规模：　　5000 ha

人口规模：　　2600 人

建造时间：　　1230 年

主要智慧：　　与水交融

村标

坐落于水畔的芦苇小屋一

　　羊角村距阿姆斯特丹约120km，是位于荷兰东北部的著名历史村落，有"绿色威尼斯""欧洲最美村落"之称。村落传统景观属于泥炭圩田，土质贫瘠，芦苇丛生，沼泽遍布，30%左右的土地为砂质。1230 年，一批来自地中海沿岸国家的逃难者来此建村，因发现大量死于山洪的野山羊羊角，遂取名羊角村。18 世纪，又一批挖煤工人来此定居，他们开采圩田，获取泥煤资源，长年累月，该地形成了大小不一的水道和湖泊。在此后很长一段时间内，村民以贩卖羊角、畜牧养殖和捕食鳗鱼等为生。至 18 世纪中叶，羊角村一带成为欧洲西北部最大的泥煤产区。1958 年，因荷兰导演伯特·汉斯特若（Bert Haanstra）在此取景拍摄的喜剧《奏乐》，羊角村逐渐为公众所熟知。因为农业用地远离村居，又被水道和湖泊阻

羊角村的区位

隔，村民开展生活、生产活动非常不便。1979 年，在征得 61% 的村民及农业土地所有者同意后，正式实施羊角村的土地开发计划。主要措施包括：新建道路、桥梁并拓宽原有小路，提升各组团邻里之间的通达性；新建 5 个抽水站，降低农业用地的地下水位，既有利于种植牧草和养殖奶牛，又可改善土壤下垫层，还利用重型农机提升生产效率；在部分水道内侧修筑防波堤，主要为提升流速，防止河床泥沙淤积，以保障行船安全，也可兼做泊位使用。在土地利用上，羊角村 5000 ha 的用地范围中 2600 ha 为农业生产用地、2400 ha 为自然保护用地，其中 900 ha 是用户土地、250 ha 是开发水域。

村内平畴绿野，碧盈盈的沟渠纵横交织；玲珑精致的小木桥，风姿神态迥异。水道深度

坐落于水畔的芦苇小屋二

供骑车和步行的幽静小路

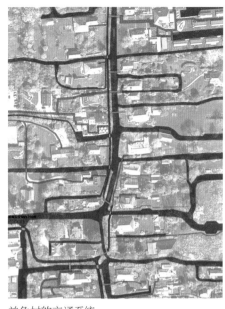

羊角村的交通系统

1~2m，宽度不一，以 2m 居多，平时用于水运、灌溉和休闲，冬季结冰后用作溜冰场。在主要通勤河道一侧，多布置宽度不超过 1m 的透水铺面步行道，兼做自行车道，通过拱形木桥与对岸村居连通，而机动车道和停车场则位于河道百米之外。村居均以独栋的方式布局，结构以木结构居多，屋面材料采用当地芦苇。村内共有木桥 176 座，其中尺度较大的木桥有 77 座，多由私人建设，而尺度较小的多由集体建设。每户的主要交通工具有皮艇或有"幽灵船"之称的无声电动木船，为此，村内既要布置家庭泊位，也要布置公共泊位。

休闲场所的建设是提升羊角村空间品质的重要途径，这些场所具有两个主要特征，一是围绕村庄集聚，主要包括儿童活动乐园、露营地、马场、休闲草坪、餐厅等；二是多沿湖泊、河道等水面分布，主要有垂钓园、码头、商铺等设施，以帆船基地和滑冰俱乐部最为有名。羊角村村内设有教堂、公共餐厅、博物馆等大量的公共服务设施，其中包括著名的农场博物馆，生动记录了几个世纪以来典型农场的风貌变迁；还有为儿童设计建设的展览会和特殊活动场地。这些场所与草坪、树木、河道等公共环境的管理均由村民出资，统一交由政府委托的第三方机构维护。除此之外，村内还设有风味餐厅和民宿，提供新鲜的湖鱼和坐拥小桥流水美景的芦苇小屋。羊角村是滑冰爱好者的冬季旅行圣

公共泊位内的船只

村口处的停车场

步行小路 　　　　　　玲珑精致、风姿迥异的小木桥一 　　　　玲珑精致、风姿迥异的小木桥二

地，在开阔的自然保护地环抱之中，游客们可以自由滑行在交织
的运河与溪流之上。村内还有水畔乡村小铺，经营着居家日用品，
简单的橱柜、新鲜的奶酪、多彩的皂块和馥郁的鲜花水果，使羊
角村显得更加温馨宜人。

临街的芦苇小屋 　　　　　水道中的幽灵船 　　　　　著名的景观节点

中国四川色达喇荣寺五明佛学院
Larong Wuming Buddhism College, Seda, Sichuan, China

住区性质： **朝圣游学式僧团聚落**

建造地点： **中国四川省甘孜藏族自治州色达县**

用地规模： **400 ha**

建筑面积： **150 ha**

人口规模： **30000 人**

建造时间： **1980 年**

主要智慧： **依山而建**

照片来源： **李元，蒋茂源**

图书馆

色达县属于高原季风性气候，海拔多在 4000 m 以上，日照充足、长冬无夏，年平均气温 −1℃。五明佛学院距离色达县城约 20 km，沿喇荣沟拾级而上即至。1980 年创建时条件极为艰苦，是一处仅有一栋木屋和 30 余僧众的小型讲经场。在随后时间内，僧团规模迅速扩大。目前常驻僧尼超过万人，最多时多达 5 万人，已成为世界上规模最大的藏传佛学院。此外，距离大经堂 2000 m 左右是目前藏区最大的"天顶天葬台"。

佛学院位于喇荣山谷，四周"五峰耸立，高出云表"，整体形态属于一种未经人工规划、自组织生长的山地聚落。大经堂是佛学院的中心，万栋以上的僧舍围绕其沿等高线展开分布，密密麻麻、层层堆砌，从喇荣沟谷底至山脊，覆盖四周山坡并绵延数里，呈现出"山河一片红"的人文景观。在接收女学员之前，佛学院是以经堂为中心的曼陀罗式布局，后来随着女学员数量增多，僧舍布局严格按照西侧觉姆区（女）、东侧喇嘛区（男）划分。佛学院在 2018 年之前是没有集体僧舍的，所有的僧舍均由前来修行的僧尼自助建造。僧舍是简易的藏式平顶木屋，每一栋均为绛红色的颜色和井干式的构造，建筑材料可从佛学院商店购买。早期僧舍是单间独栋，之后逐渐出现了两间或三间的拼接模式。虽然通了电，但还是缺乏供水、排污、供暖等基础设施，即使是如此艰苦的条件，也未阻挡僧尼修行和学习的热情。为了控制僧团的无限扩张，当地政府在西侧划出红线，并随着 2001 年、2002 年、2004 年、2017 年等几次大规模拆建，一排排"兵营式"的现代集体宿舍开始统一建设，将逐步取代图中所呈现的乡土生态智慧和宗教文化景观。

局部场景一　　　　　　　　　　　局部场景二

鸟瞰图一

鸟瞰图二

雾中的佛学院一

雾中的佛学院二

总平面图

鸟瞰图三

中国广东深圳福田区上下沙村

Shangsha Village and Xiasha Village, Futian District, Shenzhen, Guangdong, China

住区性质：　**城中村**

建造地点：　**中国广东省深圳市福田区**

用地规模：　**下沙 35 ha，上沙 39 ha**

人口规模：　**上下沙村常住人口共 6638 人，外来人口约 10 万人**

建造时间：　**南宋**

主要智慧：　**单元式空间聚居，城与村的共生**

图片来源：　**唐炎潮**

下沙村鸟瞰图

上下沙村位于广东省深圳市福田区，是该区最为典型、规模较大的城中村之一，从南宋时期发展至今已有 800 多年的历史。这里保留了众多的历史文物及文化习俗。上下沙是一片被城市高楼所包围的城中村聚落，塑造了一个能够享受城市公共服务却成本低廉的居住、生产空间，成为附近工业园区以及数码城的后勤保障地带。这里聚合了一个城市从上到下各个阶层的生活形态，从而展现出独特的空间特征：首先，上下沙的建筑分布密集，高耸楼房与狭窄街道形成鲜明对比，楼间距非常近，几乎打不开窗，伸手就能取到对面的衣服，这种楼有个形象的名字叫"握手楼"；其次，这里大多数建筑为私人加建，无论是低层还是高层建筑大都不设电梯；再次，整个城中村聚落的公共空间非常匮乏，绿化率几乎为零，无停车位且街道尺度狭窄；最后，城中村内部设施齐全，各种商业配套设施完整，居民以年轻人居多且流动性较大，市井气息浓厚。

上下沙的城中村作为政府在城市化进程中的遗留产物，产生出互利共赢的结果。对于政府，上下沙的保留减少了城市化的成本，保护了城市原有的格局与风貌；对于当地居民，能够享受到城市化带来的红利；对于外来人口，这里提供了大量的廉价居住场所，成为年轻创

上下沙村总平面图

下沙村某街道楼间尺度

下沙村的"十字天空"

下沙村的宽巷一　　　　　　　　　下沙村的窄巷一

业者的"创业孵化器"。城市研究观察员张星宇从社会学的角度分析了家族人、家庭人、单位人和单元人四个社会阶段空间聚落的变化，提出城中村这种分散化、高流动性、单元化的空间聚落具备了未来单元人社会聚落的典型特征。所以，当今对上下沙等城中村的更新保护中，既要注意保留其原有的街区生态、人文风貌与低成本居住模式，又要改善居住品质，为居住者提供更多的高品质生活空间。

下沙村的宽巷二

下沙村的窄巷二

中国山东济南岳滋村
Yuezi Village, Zhangqiu, Jinan, Shandong, China

住区性质：　　谷底孤居式泉水聚落
建造地点：　　中国山东省济南市章丘区垛庄镇
用地规模：　　7 ha
人口规模：　　400 人
建造时间：　　明朝
主要智慧：　　因泉而生

　　岳滋村紧邻七星台风景区，地处七条山峪的谷底汇集处，故适宜耕作和定居的平整土地很少。村中全年空气清新，每立方厘米空气的负氧离子含量高达 2000 个，有"天然氧吧"之称；又因泉眼多达 250 余处，有"百泉村"美誉。1962 年，岳滋村突发洪水，给整个村落带来巨大损失，村民开始有组织地开展荒山绿化运动，发展果林经济，产业方向逐步从农粮主导型向复合型经济发展。

　　岳滋村最早的雏形位于谷底的主街，之后随着村民人数增多，村落范围开始向各个山峪中扩大，并沿山坡向上发展。受地形和泉溪约束，岳滋村有着比一般平原村落更为明确的空间边界和较为典型的乡村空间结构。玉堂泉、夫妻泉、南泉等泉眼分布于山峪之中，是村落水系的源泉，由泉水顺地势流淌而形成的溪流则构成了村落的空间骨架。因这种自然形成的水系难以满足村落生产、生活的需求，村民对村落的水环境进行了改造与完善。依托自然冲沟，对泉水水系的池岸进行局部整修。挖掘和修筑多处人工浅井和引水暗渠，形成点状的农业灌溉网络，覆盖至山峪中的每一方梯田。村民用水一部分来源于泉井和溪水，一部分来源于人工修建、可

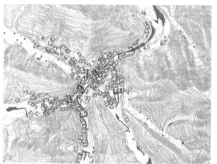
正常季节村内水系分布示意图

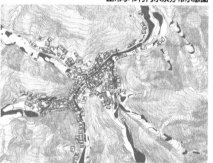
普通洪涝季节村内水系分布示意图

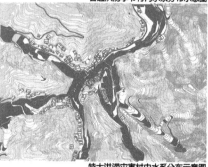
特大洪涝灾害村内水系分布示意图

蓄积泉水和雨水的蓄水池，池水经人工管道接入村居之中。这种巧妙利用自然坡降和人工引流的方式，将泉水水系与农田紧密结合而形成人工泉水灌溉系统，在我国北方泉水聚落中较为罕见。村落的功能空间分为居住、农事、商业、殡葬、信仰、服务、交通和集会空间等，具有高度复合、高度集约的特征。村内的多数庭院明显呈现出随年代而不断生长更新的特点，建造年代不同，风格和构造也迥异。这些差异明显的村居高度混合，材料也新旧混杂：旧式村居多用土坯砖墙、草顶、石墙，就地取材，非常符合传统乡土建筑的美学标准；新式村居则多用红砖、机制瓦、水泥砖、瓷砖等，这些来自流通市场的材料与乡土建筑相去甚远，透着一股工业产品的味道。

村内局部场景图一

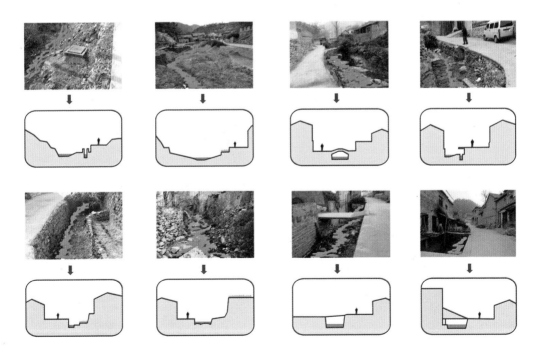

典型剖面示意

鸟瞰图一

村内局部场景图二

鸟瞰图二

整村更新效果图

中国山东济南朱家峪村

Zhujiayu Village, Zhangqiu, Jinan, Shandong, China

住区性质：　山地梯形古聚落
建造地点：　中国山东省济南市章丘区官庄镇
用地规模：　500 ha
人口规模：　504 户
建造时间：　明代
主要智慧：　依山就势
图片来源：　赵伯伦

　　朱家峪坐落于山东省济南市章丘区官庄镇，东、南、西三面环山，北面是广袤的平原，距济南城区 50km，是一座典型的北方山地村落。在距今 3900 年前岳石文化时期，此地就有先民繁衍生息。明代后，朱氏家族迁至该村，由城角峪、富山峪改名为朱家峪，人口逐渐兴旺起来。村民借山势地形，兴建民宅、宗祠、学堂等各类生活设施。清朝末年，为了防盗贼，

场景一

场景二

场景三

场景四　　　　　　　　　　　　　　　　　　　场景五

在村口修筑寨墙。经世代子孙的努力，将此独具特色的北方山地古村落风貌完整地流传下来。朱家峪古村落发展历史悠久，文物古迹丰富，风貌保存完整，被称为"齐鲁第一古村，江北聚落标本"，其典型的地域特征体现在较为理想的山水形制、取法自然的村落格局、完备独特的基础设施、独具特色的建筑形式、尊礼重教的悠久传统和一脉相承的宗族体系等。

朱家峪的选址与布局依据自然环境，因地制宜，与山水天然相融，体现了"天人合一"的自然观。整体布局为梯形聚落，上下盘道参差错落，群山上的植被形成了多层次的天然景观带。泉水终年不绝，季风型气候形成了 3 条季节性河流，水流的走向确定了村落的基本框架。民居屋舍与其他的北方村庄有所差异，并非传统的坐北朝南、院落方正，街巷也不是横平竖直、整齐划一。建筑布置大多比较灵活，依山就势，高低交错，疏密有致。道路交通因阶梯形地势蜿蜒起伏，曲径通幽，既有自然性，又具合理性。村内共有 4 条主路，上、下崖头高低相错；诸多支路有疏有密，与主路有机地结合，相互联系，形成村落的主要格局，宽窄、高低的变化营造出令人流连的氛围，且给人以一种导向性。除了道路与建筑的布置，排水、通风等皆以地形为依托，这种聚落的整体风格体现着朱家峪村民以人为本、尊重自然的建设理念。

单体民居建筑的外观形态大致有三类：一类是条石墙裙、清水砖墙、小瓦屋顶，二类是乱石墙裙、石灰砖坯、草屋顶，三类是乱石墙裙、土坯砖墙、草屋顶。这 3 类均会出现在同一建筑群落当中，体现着屋主地位的主次。民居多是高台阶，青石为基，在山地当中能有效地防止雨水的冲刷，这也体现出传统山地建筑的基本特征。建筑墙体较厚，台基上有80~90cm 的墙裙。门窗一般开口较小，有粗大的门窗过梁；一组建筑一般只有院门供人出入，对外不开设门窗；各单体建筑向内院开门窗，形成庭院的内聚空间。这也是北方山地四合院建筑的基本特征。

中国福建宁德下党乡下党村
Xiadang Village, Shouning, Ningde, Fujian, China

住区性质：   **依势而居的山地聚落**
建造地点：   **中国福建省宁德市寿宁县**
用地规模：   **340 ha**
人口规模：   **600 人**
建造时间：   **元朝**
主要智慧：   **择群山间近水之平地而居**
图片来源：   **季宏**

　　下党乡旧称党川，因溪水川流不息而得名。该村建于元朝，700 多年前王姓先民来此定居，逐渐演变成如今的单姓氏古村落。村落三面环山，坐西面东，东临西溪，溪宽约 50m。村落南北方向长约 300m，东西方向宽 50~140m 不等，整体形态呈"月牙状"。

　　由于该村方圆数里范围内均为陡峭山势，先民在应对陡坡上表现出极高的生态智慧：根据山体的高差划分出若干南北方向的狭长平台，平台长度在 40~70m 之间，进深则约为 25m，平台之上布置类型相似、背山面水的村居。由于建设的先后与用地的局限，少量平台之间在衔接部位出现交错现象，而且极少数的村居出现坐南向北的现象，为整个村落在联排

鸟瞰图一

鸟瞰图二

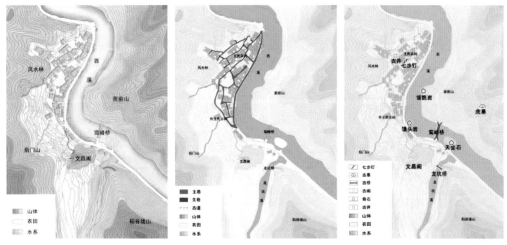

总平面图

古民居

古民居局部图

古民居的多重质感

鸾峰桥

巷道

马头墙

式布局之外增加了变化并丰富了层次。村落主街也顺应山体等高线而建，而支路则多垂直于等高线，5 条南北向的主巷与 6 条东西向的支巷交织成为步行网络。5 条主巷中居中的一条位于王氏宗祠前，是古村落中最早建设的一条巷道，也是经古官道穿行村落的主要通道，宗祠前至今保留一处商铺，见证了这里曾经的古代贸易活动，而最东侧的滨水主巷于 20 世纪 90 年代改为县道。村居的规模不大、布局紧凑，多为 2~3 层土木结构的小天井庭院式建筑。正房前为前天井，并于前天井两侧设前两厢房，正房后设狭长形后天井，两侧为后两厢房。大门一般位于前天井前正中，进入大门经前天井可直入正房。其建造体系采用的是穿斗式木构架的营造技术与夯土版筑技术。

下党乡的裸房整治改造设计是由季宏博士领导的福州大学建筑遗产保护研究所完成的。他们团队利用生土技术，对全村的危房进行了改造，提升了下党乡的人居环境质量。习近平总书记曾经"三进下党"，他于 2019 年 8 月 4 日写信问候下党乡乡亲们，祝贺他们实现了脱贫，"经过 30 年的不懈奋斗，下党天堑变通途、旧貌换新颜……努力走出一条具有闽东特色的乡村振兴之路"。

中国福建南靖塔下村

Taxia Village，Zhangzhou，Fujian，China

住区性质： **闽南客家家族聚落**
建造地点： **中国福建省漳州市南靖县书洋镇**
用地规模： **800 ha**
人口规模： **300 户**
建造时间： **1426 年**
主要智慧： **依山傍水，防御居住一体**

　　塔下村是一个典型的闽南客家村落，位于福建省漳州市南靖县书洋镇西部，是首批 15 个中国景观村落之一，被誉为"闽南周庄"。其历史可追溯到明朝宣德年间，张氏家族为躲避盗贼、流寇等产生的动乱举家迁徙至塔下。经过祖祖辈辈的发展，塔下由最初的两户人家发展成为现今有 300 多户人家的村落。

　　塔下村坐落于由山脉南北延伸所形成的峡谷之中，为了提高防御性，民居采用了集防御与居住功能于一体的土楼建筑形式。每一栋土楼民居均以祖堂为核心，楼楼有厅堂，以主厅为中心组织院落，以院落为中心进行群体组合，体现出敬祖睦宗、团结互助的传统美德。山

滨水景观一

村落场景一

巷道一

巷道二

溪蜿蜒穿过村庄，最宽处仅有 30 多米。土楼沿山溪蜿蜒分布，俯瞰似太极图案，因此塔下村也被称为"太极水乡"。1949 年之前，溪流两侧的村民依靠村中仅有的三座木桥连接沟通，在山溪两侧开展生活、生产活动。若山洪暴发冲断木桥，就会阻断山溪两侧村民的来往。后来在海外侨胞的资助下，塔下村修建了 11 座风格各异的石桥或钢筋混凝土桥。小桥流水使得这个古朴的村子多了一分江南水乡的韵味。

　　塔下村的土楼形态十分丰富，有方形、圆形、曲尺形、围裙形等。清朝末年，由于人口的剧增，原有的土楼已经不能满足现当代人的居住要求，再加上塔下村受到地理环境的限制，出现了江浙一带常见的单院式土木、砖木结构的吊脚楼，与原有的土楼形成了大楼带小楼、高低错落布局的乡土景观。

滨水景观二

村落场景二

中国香港离岛大澳渔村
Tai O Fishing Village, Outlying Islands，Hong Kong, China

住区性质：　水上棚屋
建造地点：　中国香港离岛
用地规模：　14675 ha
主要智慧：　临水而居
图片来源：　王心慧

大澳渔村总平面图

　　大澳渔村位于香港新界大屿山西部，三面背山、一面朝海。它处于山体与海洋交界的狭长滩涂地带，有三条海河从渔村中部穿过，将其分为两地，渔村两岸的交通仅通过步行的木桥相连。因为步行交通不畅，所以舢板（又称"三板"，由三块木板构成，即一块底板和两块舷板，是一种结构简单的小型木板船）是当地居民的主要通行工具。大澳作为香港的发源地，以船为生的疍民（水上居民，也称连家船民）祖祖

大澳渔村鸟瞰图

辈辈生活于此，后来于 16 世纪和 19 世纪，葡萄牙和英国的航海家也分别在此登陆。因此，大澳渔村既是香港最早被开发的渔村，也是其现存最为著名的渔村，有"香港威尼斯"的美誉。这里至今保留着香港开埠初期古朴的渔村面貌，其现存的"葛洲帆影""疍家棚居""海角琼楼""古炮楼"等均能反映出浓厚的人文气息与历史积淀。渔业和盐业是当地居民早期生活的主要来源，后来随着人口增加，资源枯竭，两大产业逐渐没落，常住人口也由早期的几万人减少至几千人。2000 年后，旅游业的发展为当地带来了新的机会。

从风貌上看，纵横水道、水上棚屋、废弃盐田、红树林等构筑了大澳渔村的典型特征。其中，水上棚屋作为主要的生活场所，最早由逃难于此的疍民在"连家船"的基础上利用木材搭建。"连家船"的长度为 5~6m，宽约 3m，首尾翘尖，中间平阔，用竹篷遮蔽作为船舱，这种模式也是临水而居的"雏形"。根据清代侯官、闽县两县的旧志记载，疍民"其人以舟为居，以渔为业，浮家泛宅，遂潮往来，江干海滋，随处栖泊"。为了使棚屋浮于水面，需要抬高地坪并利用直挺的木桩进行支撑，棚屋的屋面一般使用铁皮进行遮盖。棚屋户户相连，沿着滨海滩涂带形成了成片的水上棚屋区。

场景一

场景二

场景三

场景四

场景五

场景六

场景七

场景八

场景九

场景十

荷兰奥斯特伍德"自由之城"
Free City in Osterwold, Netherlands

住区性质：　**低密度新城**

建造地点：　**荷兰阿姆斯特丹阿尔梅勒市奥斯特伍德**

用地规模：　**4300 ha**

人口规模：　**15000 户**

建造时间：　**2011 年至今**

主要智慧：　**自组织**

图片来源：　**Almere G, Zeewolde G**

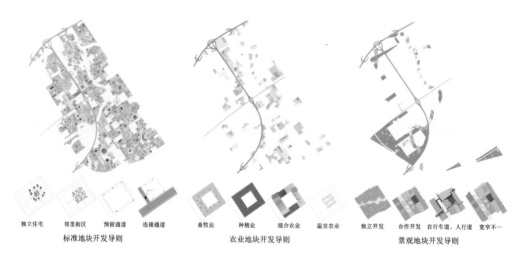

独立住宅　邻里街区　预留通道　连接通道
标准地块开发导则

畜牧业　种植业　混合农业　温室农业
农业地块开发导则

独立开发　合作开发　自行车道、人行道　宽窄不一
景观地块开发导则

MVRDV 建筑设计事务所设定的 3 种地块开发导则

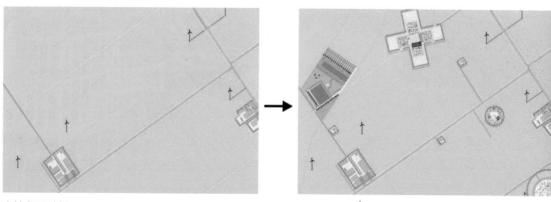

土地发展过程

奥斯特伍德多样化的城市景观

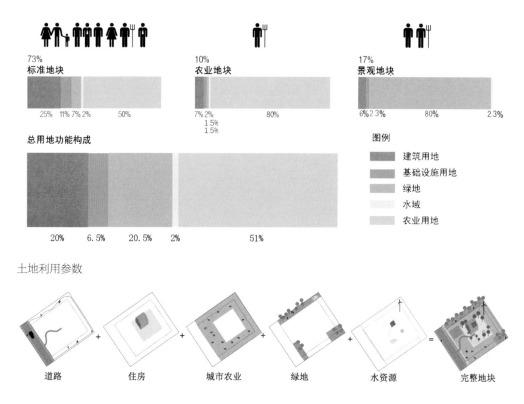

土地利用参数

地块中的基本要素

20 世纪 90 年代以来，荷兰的城市规划不断开展变革试验，逐渐由"高度的空间秩序"向"有机发展"策略转变，引导个体更多地参与项目决策。奥斯特伍德（Osterwold）作为阿尔梅勒 (Almere) 市东南部城乡过渡地带的一个新区，进行了一次有机的大规模自组织实验。从 2011 年起的 20 年内，奥斯特伍德将被建成一个容纳 1.5 万套住房和 2.6 万个工作岗位的低密度城市。不同于自上而下的"蓝图式"规划，奥斯特伍德将使用形态约定来替代形态设计，在保持田园风貌的基础上开展城市自组织设计与开发。这个过程完全由个体的需求驱动推进，不受上位的总体或分区规划限制。为此，负责该项目的机构 MVRDV 建筑设计事务所构建了一个开放的系统框架，设计了一套便于自发要素交互共生的简明规则，提供了一套促进组织秩序有机生成的设计策略。奥斯特伍德的自组织从以下三个层级展开：

（1）开放系统的框架构建。首先，MVRDV 建筑设计事务所定义了 3 种地块类型：标准地块、农业地块和景观地块，分别占奥斯特伍德土地构成的 73%、10% 和 17%。每一种地块在可建设面积、基础设施、绿地、水域、农业等均有不同的土地利用参数：用地的 20% 用于住房、零售、服务和办公等建筑物，6.5% 用于道路，20.5% 用于绿地，2% 用于

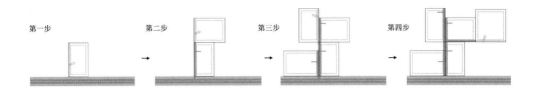

第一步　　　　　第二步　　　　　第三步　　　　　第四步

依附道路的地块开发模式

水域，51% 用于农业。其次，每一个地块在可建设范围内的最大容积率通常被定义为 0.5。在某些特殊情况下，这一规则可以被突破，但其增加的建筑面积应由相邻地块承担，即两个地块的整体容积率不应超过 0.5。再次，开发过程中，开发方应避免在能源生产等过程中对外部环境产生的消极影响。最后，住房、办公、商业、服务业、基础设施、部分工业等功能在奥斯特伍德均是被允许的，但某些特定功能的建筑是被禁止开发的，比如超过 2000 m² 的大型商场、集中式牲畜饲养场等。

（2）自发要素的交互共生。奥斯特伍德的设计规则是通用的，主要是为避免自发性的个体或要素之间可能发生的行为冲突，而不是以确定城市的最终形态为目的。地块中的基本要素主要包含：道路、住房、工作、城市农业、绿地、水资源、能源、废弃物。

（3）组织秩序的有机生成。在自组织城市的有机发展过程中，边界内的开发行为及其开发时间均难以被准确预测。然而，一部分可能的开发模式可以借助专业知识和实践经验得到总结。开发方需要考量新区的现有条件、发展目标以及设计规则，确定具有高回报率的开发模式。奥斯特伍德的开发模式主要包括 4 种：①依附基础设施的开发模式，很多开发者会首先选择与道路等基础设施邻近的地块；②核心区开发模式，依赖于不同地块产生的不同功能的核心区进行开发；③绿水青山式开发模式，可通过建设庄园、自然保护区、绿色便利设施等，与林地和山谷一同塑造连续的绿色人居环境；④填补式开发模式，在先行开发的地块之间，一部分尚未开发的缝隙地块将通过这种模式得以建设。

目前，新区建设呈现出一种积极的发展态势，自发性建设正在全面展开。从 2014 年到 2018 年 8 月，已售出 255 个地块。其中，有 115 栋建筑在 2018 年 8 月已经建设完成，并迎来 500 位居民；1 所私立学校已经建成，开始教授与土地开发和农业种植等相关的知识与技能；其他的各项设施也正在建设中。

2.2 他组织类社区

中国福建南安蔡资深古民居群
The Ancient Dwellings of Cai Zishen, Fujian, China

住区性质：　宫殿式古大厝民居群
建造地点：　中国福建省泉州市南安市
建筑规模：　1.63 ha
建造时间：　1855—1911 年
主要智慧：　家族观念影响下的乡村聚落

石埕场景

蔡资深古民居群坐落于福建省泉州南安市官桥镇漳里村，俗称"漳州寮"。这里的古民居大量沿袭、保留了传统闽南民居建筑风格，集中表现了闽南独特的建筑技艺，被誉为"闽南古厝大观"和"清朝闽南建筑博物馆"，于 2001 年列入全国重点文物保护单位名单。

蔡资深古民居群东西长 200m，南北

鸟瞰

防火通道场景一　　　　　　　　　防火通道场景二

宽 100m，采取宫殿式大厝的布局形式，单层平面展开。民居按照 5 排，前后平行布置；每排 2~4 栋宅第，多为三进或二进布局，边侧设有护厝或东、西两侧各设一组厢房。每栋宅第均坐北朝南，有独立门户或自成一体，前后之间通过石埕相连，厝之间有 2m 宽的铺石防火通道及具有排水功能的阴沟。整体沿中轴线对称分布，布局严整、等级分明、气势恢宏。自咸丰五年（1855 年）至宣统三年（1911 年），按家族等级逐渐修建宅第，最终形成了蔚为壮观的蔡资深古民居建筑群，其中现存较为完整的宅第共 16 栋。蔡资深古民居这种按照严格的家族等级进行建造的方式，在布局形态上展现了明显中轴对称排列、多层次进深以及前后左右有机衔接的基本形制，是典型的闽南家族观念影响下建成的乡村聚落。

外部立面

中国山东栖霞牟氏庄园
Moushi Manor，Qixia，Shandong，China

住区性质： 合院式庄园聚落
建造地点： 中国山东省栖霞市古镇都村
用地规模： 30 ha
建造时间： 清朝
主要智慧： 家族血脉传承维系建成的聚落
图片来源： 陶斌

鸟瞰

牟氏庄园是清代大地主牟墨林聚族而居的场所，经过 200 多年的不断扩建发展为约有 5500 栋房屋的聚落，是目前我国北方规模最大、保存最完整的封建地主庄园。整个庄园分 3 组 6 院，现存厅堂楼厢 480 余间。从高空俯视庄园，整体布局呈"品"字形，从南向北看，则呈"川"字形，

小姐楼

戏楼

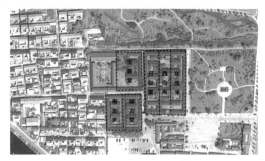

总平面图

箭道一

月亮门

箭道二

谓之"出品成川"。其布局特点类似北京故宫，所有的主体建筑均沿中轴线从南到北依次排列，结构严谨、井然有序。

胶东的庄园民居为合院式聚落布局形态，聚族而栖、合家而居，历经数十年乃至数百年形成，是家族在血缘纽带下繁衍聚居之所。这种居住方式是出于对共同祖先的崇尚尊奉，展现出了家族血脉的延绵不断与家族成员的互依互靠，维系了家族向心力和凝聚力。明清时期以北为尊，南面次之，以左为尊，右面次之。牟氏庄园的整体布局就是遵循着这种既定的规则，地位最高的牟墨林居住于整体聚落正北方位的日新堂，其他家庭成员依照家族地位高低依次居于其东南和西南侧，又因家庭成员的不断扩充，东南和西南两侧的房屋不断扩建，最终形成了牟氏庄园的大体轮廓。从这样的建制史中可以看出，所有的院落都是围绕主人的居所建造，体现了一种"尊者居中、卑者围之"的建筑格局。

西忠来门楼和倒座

烟囱

中国福建嘉庚建筑群
Jiageng buildings, Fujian, China

住区性质： **校舍聚落**

建造地点： **中国福建省厦门市**

建造时间： **1916—1927年**

主要智慧： **个人认知与工匠技术的共同结晶**

厦门大学本部中4组"五位一体"的嘉庚建筑群

闽南地域建筑原型

集美学村和厦门大学是由爱国华侨陈嘉庚先生出资并主持建设的。他不仅亲自选择校址，划定用地范围，而且安排建筑布局，确定建筑体量、形态，甚至对其局部空间、装饰细部等也亲力亲为。由于陈先生不是科班出身的建筑师，他也未邀请职业建筑师参与，因此"设计蓝图"是通过陈先生的口头或书面意见呈现出来，并由当地技术娴熟的工匠施工完成。在施工过程中，他亲自监督，控制施工的质量和进度，一旦有了新的想法和意见就随时随地传达给施工人员加以修改。经过半个多世纪的建设，他创造了一套特有的校舍建筑生产方式，形成了独特的嘉庚建筑和嘉庚风格，在闽南地区独树一帜。

在陈嘉庚的人生成长期中，闽南地域建筑和新加坡地域建筑是他获取建筑认知最直接、最实用的建筑原型。嘉庚建筑首先在选址上吸

新加坡地域建筑原型

收了中国传统的因地制宜环境观，多选于负阴抱阳、背山面水的地段。背山可以阻挡冬季寒风，前面开阔可以得到良好日照，接纳夏日来风，增加小环境的舒适度。在群体布局上，建筑的群体布局注重与地形的结合，灵活多样，不拘一格。大致可分为以下几种类型：L 形、U 形半开敞庭院，一字形水平铺展的群贤建筑群，半弧形的建南建筑群，及自由布局的幼儿园、教职工宿舍等。嘉庚风格的群体组合还遵从"中轴对称、一主四从"的布局，五栋一组的建筑着力强调中式屋顶的存在，极力表达民族性的内涵。建筑群体以不同形态隐喻金、木、水、火、土五行，居中建筑的屋面均使用绿瓦材质，赋予"绿生水"的含义。建筑单体的平面配

建南礼堂楼群

颂恩楼群

群贤楼群

置脱胎于新加坡建筑格局，中轴对称，集中式构图，强调中央的统帅作
用，且多以外廊围绕。

　　在建造嘉庚建筑时，参与的工匠通常具有闽南建筑建造的实际经验，
因此他们提供的劳动绝非仅仅是体力，还包括脑力劳动，将自己熟悉的
构造方式与装饰细部样式带到建筑中。这种主动参与的态度为嘉庚建筑
带来了为当地人熟知的地域性色彩。以厦门大学建南建筑群为例，在组
织施工队伍时，由厦门及附近地区的工匠自愿报名，经过互相推荐和短
时间的考察，予以聘用。除了建南礼堂采用"既不包工，也不包料"的
施工做法，其他建筑均采用"包工却不包料"的做法。

中国福建三明肖坊村

Xiao Fang Village, Sanming, Fujian, China

住区性质: 山环水抱的传统聚落
建造地点: 中国福建省三明市将乐县大源乡
建造时间: 元朝
主要智慧: 山环水抱的建筑理念
图片来源: 季宏

鸟瞰图

古民居一

肖坊村位于福建省将乐县北部,隶属国家级生态乡大源乡,是靠近省道将泰线上一个有着千余人口的村落。村子历经600多年风雨,其山水格局、街巷布局仍保存完好,被列入第四批中国传统村落名录。肖坊村坐落于西南—东北走向的山间溪谷、九曲蜿蜒的肖坊溪畔,整个村子被青山簇拥,山体南高北低呈南山环抱状,自然环境十分符合传统村落选址山环水抱的建筑理念。村落格局形成于明初,村内溪流萦绕、巷弄交错、回转通达,巷路顺古水圳而成为村内街巷水系一大特色。村内民居建筑多建于明末清初,数量众多,建筑体量较大而色调朴实,外观简洁,内部却雕栏画栋,建筑与环境完美融合。村内祖厝、街巷、水井、古水圳、溪流、廊桥、宗祠等的布局营造,都具有相当高的水准,对研究古代

内院场景

古民居二

河道场景

家族聚落建筑格局营造及传统建筑理论具有很高的参考价值。如今，肖坊村正整合自然景观、历史文化、观光农业等资源，打造"深呼吸"小城式乡村旅游，立足恢复严格的"九曲黄河水、八斗七星街"古村布局，依托现存明清古民居建筑群等，规划建设"以古村落参观为主题、民间文物展示为补充、民俗演示为特色、休闲娱乐为内容"的历史文化名村，重现古村魅力，焕发古村新面貌。

文昌阁

巷道

日本白川乡合掌造消防工程
Fire Engineering in Gassho-zukuri, Shirakawa, Japan

住区性质：　代表世界文化遗产的现代消防工程
建造地点：　日本白川乡
建造时间：　1976 年
主要智慧：　防火保护
图片来源：　http://shirakawa-go.org

　　1940 年前后，为了减少白川乡的洪涝灾害，日本当地政府对庄川河流域进行了整治并且建设了水库。然而，随着村民搬迁、火灾侵扰以及房屋转卖，1961 年，合掌造的茅草民居从 1924 年的 300 栋锐减至 190 栋。当地村民也感到了文化危机，自发地开始了茅草民居的保护行动。1971 年，他们提出"不转卖、不租借、不破坏"三条原则，在全体村民的同意下成立了"白川乡荻町村落自然环境守护会"，其目标不仅是要保护好上百年历史的合掌造民居，更要保护好与民居融为一体的景观环境。

　　作为主体结构材料的木材和作为屋面材料的茅草均

鸟瞰图

消防演练中的白川乡

消防栓

消防设施分布图

容易引发火灾。因此在冬季，村民一般会在室内的火炉正上方悬挂一大块有耐火效果的桐木隔板，防止木炭燃烧产生的火星随热空气上飘而引燃木材或茅草。然而，1965 年白川乡合掌造聚落突发大火，大量茅草民居被烧毁。1976 年，合掌造聚落被列为重点保护区，首要任务是"优先保护易受火灾影响的合掌建筑结构"。根据这一要求，在日本政府的财政支持下，团结又智慧的白川乡村民结合当地的自然地理优势，以及由村民经百年修筑的农用水渠，设计了一套详备的消防管理方案。

村内交错纵横的沟渠水道流经各家民居的四周。这些水渠除了提供灌溉农田用水之外，还可作为消防用水。每户人家均会将门前范围内的沟渠用渔网围住喂养锦鲤，这种方式可以随时确保用水的安全性。为了进一步保障消防水源的充足，他们还配备了可蓄水 600t 的蓄水槽，结合作为农用的水渠，利用陡坡产生的重力为喷水枪提供压力，无需水泵即可将消防用水运送至各家各户。

全村共设置了 59 个喷水枪和 62 个消防栓，为保证喷出的水幕能将整栋茅草民居全部覆盖，它们被分别设置于每栋民居的对角线处。消防栓附近设有便于村民使用的消防水管，有 65mm 和 40mm 两种口径（小口径为女性设计），即使专业消防员未能及时赶到，村民也可自己操作灭火。所有的消防栓均设置于水泥台上，遇到积雪也不会被掩盖。为了确保喷水枪和消防栓的正常使用，村民每年均会组织两场大型消防演练，将村内所有的喷水枪打开，村庄由内到外均是向天空喷洒的水柱，景象十分壮观。正是因为这种他组织的现代消防工程和百年营造技艺，以及乡土文化在城镇化进程中得到了完好延续，日本白川乡合掌造聚落于1995 年被联合国教科文组织列入世界文化遗产。这一案例借助因地制宜的技术，营造出了高品质、高效用、高情感、与环境和谐相融的建成环境，并经千百年的演进和沉淀，转化成了一种生存智慧和生活文化。

秘鲁利马巴里亚达斯增量社区
Pampa de Comas Barriadas, Lima, Peru

住区性质:　　**低收入住房**

建造地点:　　**秘鲁利马**

建造时间:　　1957 年

主要智慧:　　**他组织增量建设**

图片来源:　　https://www.municomas.gob.pe/distrito/historia/，Turner J

　　增量住房是由联合国人居署组织地方政府、银行机构和建筑专家等为发展中国家量身定制的，为了集中解决低收入群体的基本居住问题而提出的一种可持续的大规模住房供给模式。它最早用于非正规性居民点的"推倒式重建"，由查尔斯·柯里亚（Charles Correa）在1973 年印度孟买的棚户区项目（Squatter Housing in Mumbai）中提出并付诸实践，以初始的核心住房（Core Housing）为基础，基于家庭需求，"通过渐进性递增建设的方式，逐步改造达到高密度"。莱因哈德·格特尔特（Reinhard Goether）则认为增量住房不是一种产品，而是一个循序渐进的过程，可称之为起步住房（Starter House）、升级住房（Phased-development House）、自助住房（Owner-driven House）等。

　　南美的低收入住房大多属于他组织的增量住房，虽然难以保证所有居民点都能实现水、路、电"三通"，但至少路网均是整齐划一的。产生这一现象的主要原因与英国建筑师约翰·特纳（John F. C. Turner）有密切关系，他在 20 世纪 50 年代从英国建筑联盟学院（AA）毕业后，来到秘鲁利马从事社区建设尤其是非正规居民点的重建工作，在之后的 16 年间，相继提出了"政府介入最小化""自由建造""人民住房"的自助住房理论。他认为自上而

局部图　　　　　　　　　　　　　　　鸟瞰图

总平面图

下建造的大规模经济适用住房模式，容易使低收入群体进一步陷入孤立，距离经济机会更远，会引发持续性贫困；而自下而上自助建造的增量住房模式则最能符合人们的需要和偏好，且更靠近经济机会。受到特纳的启发，世界银行在 1976 年发起了"场地与服务"（Site-and-Service）计划，为发展中国家低收入群体提供网格化的合法土地、包含地基在内的基础设施、小额信贷和技术援助等，帮助他们自助建房，根据家庭融资能力，有的项目甚至还提供了最基本的核心住宅。一些专家认为地块细分也很重要，"无论建筑层数，地块面积越小意味着投入成本越低"，这种住宅密度可以实现综合效益最大化。从总体上看，该计划在运营初期确实遵循了特纳的理论模型，赋予低收入者合法的土地使用权，不仅帮助政府大幅缩减住房财政开支，而且帮助家庭减少了住房预算。然而，其后期发展还是发生了一定程度的偏离。

　　以巴里亚达斯社区为例，它的产生基于 1949 年利马政府通过的两项法律：一是政府有权细分和出售"被城市化"的土地；二是没有产权的非正规性居住用地均被收回成为政府公共资产，并在空置的沙漠用地上大规模实施"场地与服务"计划。它于 1957 年开始建设，起初住户要在细分好的地块上以藤条和木柱为主要材料搭建核心住宅，之后按照自身情况建设，逐渐完善住房的功能。虽然巴里亚达斯社区是由当地政府和银行机构主导的，但由于干预力度不够，导致社区建设出现了很多问题。首先，随着 20 世纪 60 年代大量移民涌入，其最初建立的秩序逐渐因无序的自助建设而失控，沦落为新的"巴里亚达斯"（Barriadas，秘鲁非正规性居民点的统称）；其次，计划受益人仍需负担约占其收入 20% 的贷款，因而该计划不能适用于所有的低收入家庭；其三，因为选址在城郊，与市中心的基础设施距离过远，导致建设和使用成本上浮和经常延期，而且通勤成本的增加也迫使很多家庭放弃机会。因此，该社区建设难以解决公共投入成本回收的问题。

2.3 双重组织类社区

印度印多尔阿兰若住区
Aranya Demonstration Housing, Indore, India

住区性质：　混合居住的开放住区
建造地点：　印度印多尔市
建筑层数：　80 户
建造时间：　1986 年
主要智慧：　自主建造与统一建造的结合
图片来源：　https://www.sangath.org/projects/aranya-low-cost-housing-indore/

Otla[1]

Otla 局部一

　　阿兰若住区由 2018 年普利策建筑奖获得者印度建筑师巴克里希纳·多西主持设计，曾于 1995 年获得阿卡汗住宅奖。该项目提出了不同层级、不同规模、多收入群体混合居住的解决方案，再根据当地规范明确整体设计流程——由他组织统筹的住区结构规划与用地布局规划，以及由自组织驱动的住房建筑设计。

　　在住区结构规划中，划分为 5 个层级：城镇级 40000~65000 人，片区级 8000~15000 人，

1.Otla：抬高的入口底座。

Otla 局部二

社区级 500~1500 人，街区级 30~200 人，单元级 1~20 人。据此，整个住区分为 6 片，每片人口控制在 7000~12000 人。住房共计 6500 套，服务于 4 类收入群体：高收入社区（9%）沿高速公路布置在住区东侧，少部分布置在住区东南角，中等收入社区（14%）沿城市道路分布于住区西、北两侧，以及沿开放性次街南北布置；低收入社区（12%）和超低收入社区（65%）位于 6 个片区的中部。

在用地布局规划中，将宅基地类型分为 8 种，其面积从 35.32 m²、55 m² 到 613.94 m² 不等。为了紧凑利用土地并减少太阳辐射热，低收入群体的宅基地均为南北狭长布置，而且住房、庭院、人行道和公共广场均被邻近建筑的阴影所遮蔽。中高

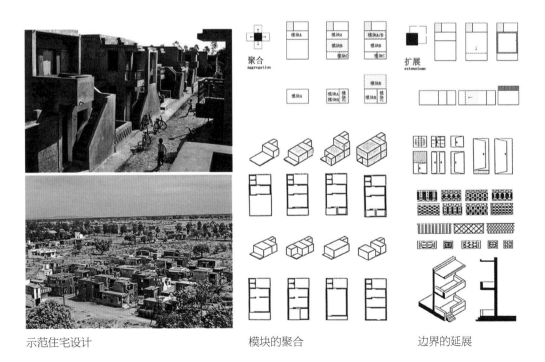

示范住宅设计　　　模块的聚合　　　边界的延展

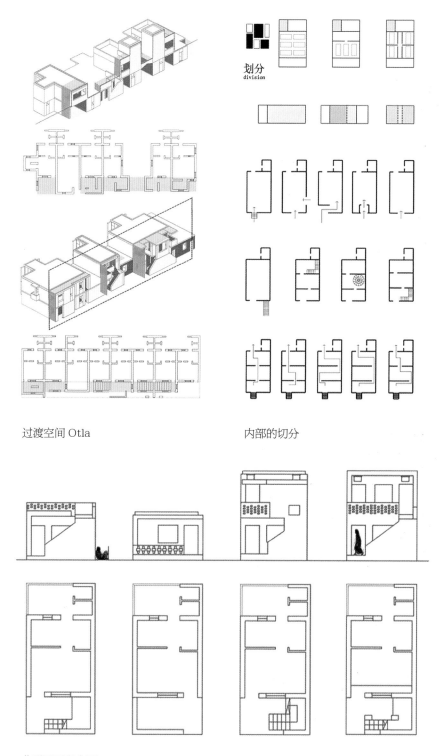

划分
division

过渡空间 Otla

内部的切分

典型平面和立面

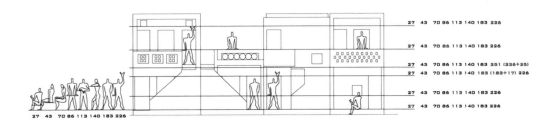

模度人与住宅尺寸的定义

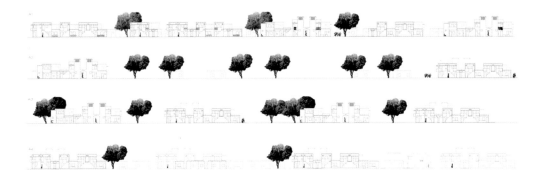

住宅立面

收入群体的宅基地均为大型、有围墙的地块,一般为独立式住宅。在片区层级,外围的中高收入群体的住房容易形成较为稳定的建筑界面,而内部的低收入群体住房受经济条件限制,可以相对自由地"生长",但不会影响住区的整体结构。总的来看,主要基础设施的布局与路网的规划、道路等级相匹配;管网支点的布局结合宅基地规划,在每 10 户(或 12 户)组成的居住单元中,空出其中 1 户(或 2 户)的宅基地作为管网支点的埋设点兼邻里活动空间,既避免厕所等服务核心沿街布置,也使管线更为集约;每 20 户共用一个化粪池和自来水供应点,自来水限时供应。

在住房建筑设计中,仅为住户建设了核心住宅,即包含了居住及建造所必需的基础部件,是住户开展自助建造的起始点。居民无需承担前期高额的建造成本,其余空间则需自助加建或改造完成。核心住宅的类型分为 3 种:①场地、结构基座,以及包括厕所与水龙头的服务核心;②场地、结构基座,以及包括厕所与浴室的服务核心;③场地、结构基座、包括厕所与浴室的服务核心,以及 1 个房间(多为厨房)。由于核心住宅是通过他组织统一建造实现的,既保障了施工的质量,又有利于衔接城市市政管网,有效控制建设投资与维护成本。在此基础上,多西又设计了一套附有详细图纸的自助建造规则表,住户可从中选用熟悉的传统技术、乡土材料、构件类型等。

哥伦比亚波哥大巴楚城
Ciudad Bachué, Bogota, Colombia

住区性质：　**混合居住的开放社区**
建造地点：　**哥伦比亚波哥大**
用地规模：　**90 ha**
人口规模：　**35620 人**
建造时间：　**1977 年**
主要智慧：　**有组织的增量建设**
图片来源：　**Silva E**

　　巴楚城位于距离市中心 179km 的边缘地带，用地呈三角形，占地约 90 ha。目前，实际户数 7124 户，人口 35620 人。巴楚城的住区结构规划由国土信贷研究所（Instituto de Credito Territorial）和建筑师帕特里西奥·桑佩尔（Patricio Samper）负责设计。基地主轴线是一条南北向的景观步行街，连通北侧胡安·阿马里洛河（Juan Amarillo）自然保护区和南侧的快速公交停车场，轴线两侧分别布置 1 条平行于主轴线的车行道；东西方向上，平行布置 8 条车行道，连通西侧的阿瓦洛大街（Ave. ALO）和东侧的 94L 大街（Ave. Transversal 94L）。在功能上，中间规划有包括商业、剧场等服务设施的大型人民广场，将增量住房的建设范围分为南北两区，康乐区、足球场、花园和公园等开放空间散布其中。后来因为人民广场未能建成，其用地被博奇卡（Bochica）社会住房项目占据。

　　以家庭户数为标准，用地布局可划分为由小到大的四个层级：单元级由 12 户组成，长90m，宽 18.8m；组团级由 2 个单元 24 户组成；街区级由 260~520 户组成，用地不超过1 ha；社区级由 1000~2000 户组成，一般包括 4 个以上街区，四周环绕车行道。单元级通过 1.1m 宽的步行路和不同层级的公共空间连通；大多数单元之间两两组合，围合出内向庭院，里面布置有公共楼梯和走廊等。除了后期开发的博奇卡社区按照非增量建设和封闭式管理以外，其他居住地块都按照增量的开放社区建设。服务设施由公共和私人组织及社区成员共同参与建设，包括汤姆学院、幼儿园、教堂、社区中心、保健中心、警察局、避难所等，沿路住宅的首层也规划有很多小型商业服务设施。

　　"场地与服务"计划下成功实施的案例并不多见，而巴楚城是其中为数不多的几个案例之一，主要包括基础设施建设和核心住宅建设。基础设施包括公共取水点、电力供应等；核心住宅包括 10 种核心住房类型，其中 5 种属于独门独户类型（A1~A5），另外 5 种属于

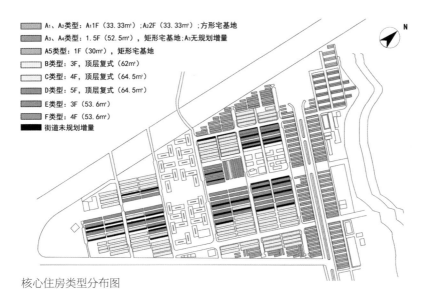

核心住房类型分布图

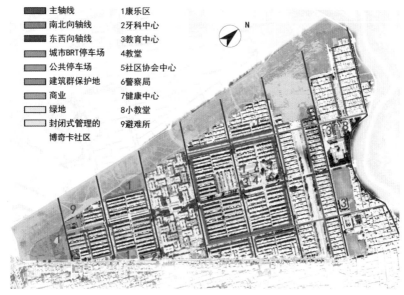

功能分区图

多户集合类型（B~F），每种类型建筑面积不超过 100 m²。建筑主体是一种模块化的结构，主要材料用的是混凝土预制板和轻质金属屋面；基本功能包括多功能空间、厨房和卫生间等，此外，根据地块位置和预算情况，有些还包括后院或卧室（小于等于 4 间）。因为受益家庭的平均规模是 2 名年轻父母和 3 名子女，因此核心住宅必须要经过增量建设才能满足家庭的日常生活需要。

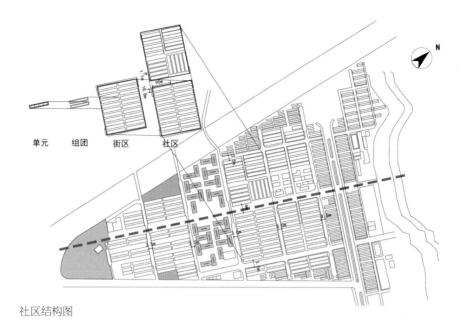

单元　　组团　　街区　　社区

社区结构图

按照他组织的干预程度，自组织增量建设可分为规划增量（Planned Expansion）和未规划增量（Unplanned Expansion）两种类型：前者是指在建筑红线和规划限高内进行扩建，后者是指在公共开放空间、街道及相邻住宅屋面进行扩建。从剖面上，核心住宅的增量建设形式主要分为6种，包括1种独门独户的类型和5种多户集合的类型。红色、绿色、蓝色和紫色代表核心住宅，浅红色、浅绿色和浅蓝代表规划增量建设，斜线代表未规划增量建设。增量建设可按横向和竖向开展，其中，类型A因为独户原因，层数一般为2~5层，其"未规划增量"很少用于卧室功能；类型B则因为复式结构，没有"规划增量"也能满足日常生活需要；类型C和D中没有"规划增量"建设；对于户均5.7人的家庭，类型C、D、E、F必须要经过增量建设，层数一般为5层，而且政府鼓励其开展"未规划增量"建设。此外，由于当时规划的街道断面尺度过宽，公共空间尺度过大，当地政府也允许"未规划增量"侵占公共空间的行为，很多住宅首层都因此大量扩建，其功能逐渐由居住演化为商业、生产等生计空间。

住房的邻里区位决定了其增量建设的幅度。对独门独户住宅而言，临近阿瓦洛大街的类型A住宅是巴楚城升值潜力最大的房产，因为住宅的面积能够显著扩大；而对多户集合住宅而言，首层和顶层的价值也较高，因为首层可以向庭院水平扩建，顶层可以竖向扩建，而中间层则由于"三明治"位置，需要依靠协商和合作才能完成水平扩建。增量建设的主要动机也有所不同，类型A多是为了提高居住的舒适性，而其他类型则是为了容纳更多的家庭成员、

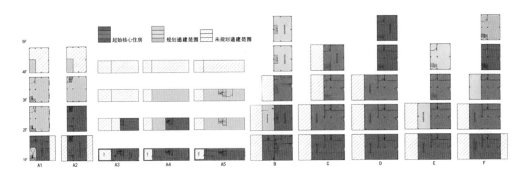

增量住房平面图

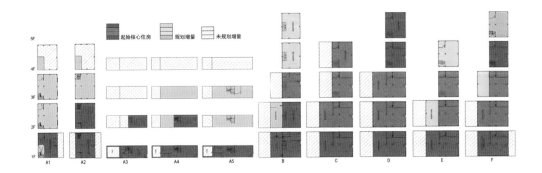

增量住房平面图

创办小型企业或者出租使用。

　　从街道美学的角度，"未规划增量"在横向建设时会削弱社区的步行通达性，竖向建设则会遮挡光线，并使建筑结构产生严重隐患，这种空间秩序的失控同时会影响相邻地块的房产价值。为此，1999 年当地政府决定对"未规划增量"进行提升式改造，制定了与公共空间保护、监督、管理和改造等相关的政策、规划和地区法案，并成立公共空间保护管理部，监管巴楚城的"未规划增量"建设。2008 年，政府推行"激活波哥大：让生活更美好"的发展计划和社区自治管理制度，结合社区居民意愿全面整治巴楚城的"未规划增量"，特别是疏通和美化公共街道空间。该计划的目标是恢复 23.86 ha 的公共空间，并将一部分"未规划增量"合法化。因此，越来越多的家庭愿意配合整治，并且都意识到环境改善对于提升家庭房产价值的重要性。如今，巴楚城在 40 年间逐渐演化成为一个朝气蓬勃、自给自足、治安良好、适宜步行、中低密度的新型移民城市。

葡萄牙埃乌拉马拉盖拉社区
Quinta da Malagueira, Evora, Portugal

住区性质：　**混合居住的开放住区**

建造地点：　**葡萄牙埃乌拉市**

用地规模：　**27 ha**

人口规模：　**4120 人**

建造时间：　**1977 年至今**

主要智慧：　**从非正规到绅士化**[1]

图片来源：　**https://www.plataformaarquitectura.cl/**

马拉盖拉社区总平面图

1. 绅士化（Gentrification）于 1964 年由英国马克思主义社会学家格拉斯（Class）提出，用于描述西方发达国家在其城市中心区更新中出现的一种城市社会地理现象，即随着中产以上阶层逐渐入住低收入阶层的社区，使原先衰败的社区设施及住房质量得以提升、社区中的社会经济结构得以改变。

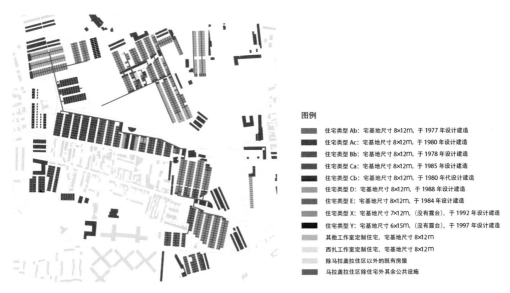

图例

住宅类型 Ab: 宅基地尺寸 8×12m, 于 1977 年设计建造
住宅类型 Ac: 宅基地尺寸 8×12m, 于 1980 年设计建造
住宅类型 Bb: 宅基地尺寸 8×12m, 于 1978 年设计建造
住宅类型 Ca: 宅基地尺寸 8×12m, 于 1985 年设计建造
住宅类型 Cb: 宅基地尺寸 8×12m, 于 1980 年代设计建造
住宅类型 D: 宅基地尺寸 8×12m, 于 1988 年设计建造
住宅类型 E: 宅基地尺寸 8×12m, 于 1984 年设计建造
住宅类型 X: 宅基地尺寸 7×14m, (没有露台), 于 1992 年设计建造
住宅类型 Y: 宅基地尺寸 6×15m, (没有露台), 于 1997 年设计建造
其他工作室定制住宅, 宅基地尺寸 8×12m
西扎工作室定制住宅, 宅基地尺寸 8×12m
除马拉盖拉住区以外的既有房屋
马拉盖拉住区除住宅外其余公共设施

住宅类型分布图

马拉盖拉社区属于葡萄牙历史文化名城埃乌拉的西向扩建区，由 1992 年普利策建筑奖获得者阿尔瓦罗·西扎主持设计。该项目为常规的低层高密度建设模式提出了一种新的解决方案，满足现代用户的生活需求，又顺应了历史文脉与乡村肌理的延续性，最终为先前居住于非正规住宅的低收入家庭提供了 12000 套保障性社会住宅。

在项目开始之前，西扎调研了阿连特茹的乡土住宅类型以及马拉盖拉项目周边的非正规居民点，包括建于 1940 年代的圣玛丽亚社区、诺萨·森霍拉·格洛里亚社区以及建于 1970 年代的丰塔纳斯社区；然后，他说服政府放弃"上楼绅士化"的多层住宅开发模式，因为这种开发模式将对埃乌拉的城市结构、历史风貌产生消极影响，而且并不适用于低收入阶层的居住需求。经过详尽的调研，他提出了初步的设计方案。

在住区结构上，根据现状条件采用了丁字形的路网骨架：首先，将既有的萨勒西亚奥斯街向西延伸形成东西轴；其次，将以前的一条乡村小路作为南北轴，向北延伸至东西轴上，再以步行道的形式继续向北穿过马拉盖拉农场。在用地布局上，西扎受到当地特有的高架水渠的启发，将给水、电力、燃气、电话、电视线等市政设施集中设置于高架管网中，且与现状高架水渠联系在一起，形成了一套空中的网状系统，以此对住宅布局进行限定。在住宅设计上，西扎设计的类型超过 35 种，涵盖了从一居室至五居室；宅基地多采用 8m（横向）×12m（纵向），按照效率较高的联排式进行排布，住区在整体性上因为住宅类型的多样并未显得呆板；住宅采用合院方式，主要分为前院（Ab）和北院（Bb）两种，其类型的变化使用 Ab、Ac、Bb、Ca、Cb、Da、E 进行表示（大写字母用于表示生活、卧室、服务、

被高架管网分割的社　　高架管网
区道路

圣玛利亚非正规居民点

住宅类型图（大写字母用于表示生活、卧室、服务、庭院、交通等功能区，小写字母用于表示对应功能的空间变化类型，而 t 后的数字表示卧室数量）

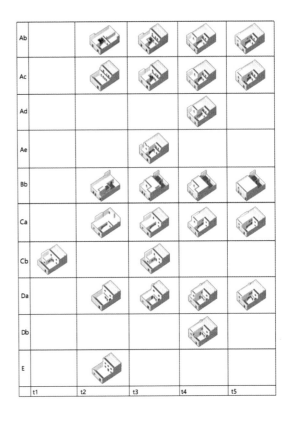

庭院、交通等功能区，小写字母用于表示对应功能的空间变化类型）；在建筑立面上，一方面延续了埃乌拉白墙中嵌入彩色框形的做法，另一方面通过二层高度上的减法处理，增强了连续几何形拼接的雕塑性，使得街道空间展现出传统和现代的双重美感。此外，为了尊重当地居民的传统生活习惯，西扎的设计更加倾向于引导居民之间更加便捷的交流，以促进邻里关系的产生与发展，例如将街道两侧的窗台降低，提升街道两侧居民沟通以及对街道的观察的便捷性，这成为了没有围墙的新型开放社区向"熟人社会"社区转型的媒介。

为了促进项目更好的实施，西扎并未"一厢情愿"地将方案付诸实施，而是耐心地与专业技术人员、政府代表及代表未来居民的当地住房合作社一起商讨该方案的实施细则。这种参与式的模式不同于常规、自上而下的非正规住房绅士化，更加强调住宅建设过程的社会化，它结合了自上而下和自下而上两种方式：前者通过政府主导政策制定、建筑师主导社区规划实现，后者通过居委会或合作社主导住宅建设实现。从整体上进行评价，该项目一方面建立了由专业技术人员、居委会和个体居民共同参与设计的创新机制，便于不同主体在具有包容性和灵活性的网络结构和演化系统中开展建设，确保社区居民拥有经济、社会的独立性以及基本居住权；另一方面，通过设计方、施工方和建造方的协力合作，协助政府对社会住宅进行全面监管，为后续落实居民权利产生积极影响。

利比亚的黎波里古达米斯古城
Old Town of Ghadames, Tripoli,Libya

住区性质: **沙漠珍珠**
建造地点: **利比亚古达米斯**
用地规模: **225 ha,其中土屋建筑占地 10 ha**
人口规模: **10000 人**
建造时间: **公元前 1 世纪**
主要智慧: **水平自组织和垂直他组织**
图片来源: http://whc.unesco.org/en/list/362/gallery/&maxrows=36

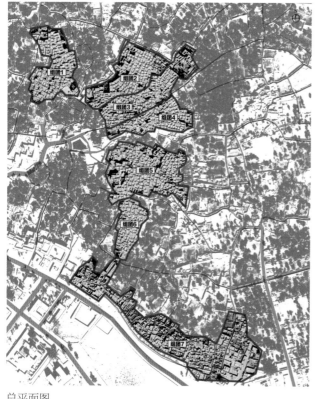

总平面图

古达米斯古城位于利比亚的黎波里西南约 550km 的撒哈拉沙漠北边,早在罗马帝国时期,即有军队驻扎于此。古城位于亚热带沙漠气候地区,干热少雨,年平均降雨量仅为 33mm;夏季漫长,蒸发蒸腾速率达到每年 2700mm;太阳直射光透过率高,每年从 69%~88% 不等。应对高温和缺水问题是当地人生存的头等大事。其选址多集中于有泉眼的位置,后因泉水喷流量减小,加之当地农业和商业衰退,老城逐渐衰落。1975—1983 年间,政府在距老城 2km 之外建造了新城。然而,许多居民在夏季或重大节日时仍返回老城短暂居住,因为这里有更好的气候舒适性。

区位图

鸟瞰图

场景一

场景二

1200 栋传统的土坯房和 25000 棵自然的棕榈树构成了古城如蜂窝般的乡土肌理。这种空间组织表现出明显的双重性：在水平维度上，基于泉眼位置自发形成了 7 个社区，居民通过自组织建设土屋、清真寺、商业和小型"地下广场"；而在垂直维度上则规定严格，土屋至少有两层，一层由单元入口、储藏室、农场附属商店

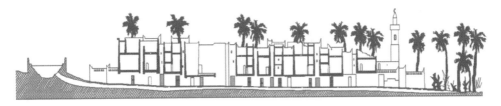

古城剖面图

场景三

场景四

场景五

及迷宫一样的巷道组成，二层承担居住功能且多布置夹层和旱厕，而屋面则用作厨房和妇女通行，且不对外开放。用于公共交通的一层巷道，宽度通常不到 1 m，它们以"圈"的形式连通所有居住单元，在有些位置局部放大设置长凳，为清真寺的阿訇提供开会和休息空间。巷道虽然狭窄、阴暗、弯曲，但居于建筑之下可抵御炎热气候。不仅如此，为给巷道提供自然采光和通风，一些竖井被因地制宜地建立起来，一方面考虑到防御外敌而未均匀布置，另一方面竖井带来的自然光能够导引前行方向并区分道路等级。土屋建筑面积一般为 40~80 m²，其墙基使用石头而外墙均是用土坯砖和木结构混合建造的。古城外围建筑的外墙需加厚砌筑，用于防御工事；屋面结构采用纵切为二的棕榈树干，其上先铺设一层棕榈叶，再用一层 20~30 cm 厚的黏土夯实，最后用一层 3~5 cm 厚的石膏灰泥找平；门窗材料也利用棕榈树制作。

场景六

场景七

场景八

中国福建武夷山城村
Cheng Village, Xingtian, Wuyishan, Fujian, China

住区性质：　依王城遗址而建的聚落
建造地点：　中国福建省武夷山市兴田镇
建筑规模：　48 ha
人口规模：　2500 人
建造时间：　宋代
主要智慧：　遵古城规划他组织布局，民居自组织建设
图片来源：　季宏

　　城村距离福建武夷山风景名胜区南端20km，是中原移民在闽越人城邑之上营建的村落，有"古粤城村"之称。其村南的古汉城遗址是武夷山世界文化与自然遗产的重要构成要素之一，也是目前所知的中国历史文化名村中唯一一处选址结合大型古代城市遗址并建立古村落和闽粤文化传承关系的村落。城村的自然地理条件优越，青山环抱，西、北、南三面被崇阳溪环绕，坐西南朝东北，背山面水。

　　村落的整体空间格局可概括为"36街、72巷、4门、6亭与楼、9庙与庵"，且呈现出明显的双重组织性，道路系统布局严谨、结构清晰，遵照古城"主街、主巷、次巷、支巷"四级原则统一规划，民居则通过村民自组织建设。村落周围寨墙四合，居民由4扇大门出入，村中3条主街形成"工"字形结构，36条小巷迂回曲折，以卵石铺道，呈"井"字形纵横交错。主街的两处交叉口以及主街与主巷的交叉口设置亭或楼，4扇门旁建宗教或民间信仰建筑，3座宗祠分别建于3条主街之上。城村尚存有40余座古民居，朴实厚拙。村中古井随处可见，井水清澈甘甜。

　　村落先后经历了三个保护与发展阶段：2000年武夷山市决定将城村建成集"古迹观光、田园休闲、风俗风情、古文化交流、历史揭秘"于一体的休闲观赏性民俗文化旅游区，这一阶段城村的保护等模式是典型的"自上而下"式，在政府主导下由专业人士进行规划，村民的自建活动需要依据规划要求开展，城村的历史风貌尚得以延续；2010年南平洪灾，城村是受灾村庄之一，这一阶段城村采取政府主导与村民自助相结合的灾后重建模式，村民拆除古民居，在宅基地上修建新的房屋，古民居由40座锐减至不到20座。由于新建房屋在高度、材质、色彩、格局、空间类型等方面都与古村落的整体历史风貌产生极大的冲突，造成古村落肌理与传统格局乃至历史风貌的严重破坏；2012年后，专家从各方面引导村民自主参与历史文化名村保护，为村民进行"自下而上"保护所需要的古民居综合功能提供技术支持。

鸟瞰图一

巷道场景一

鸟瞰图二

鸟瞰图三

巷道场景二

美国锡佛罗里达赛德社区
Seaside, Florida, USA

住区性质：　新城市主义 TND（传统邻里开发模式）社区
建造地点：　美国佛罗里达州锡赛德镇
用地规模：　32 ha
人口规模：　2000 人
建造时间：　1982 年
主要智慧：　以形态控制准则为工具的传统邻里开发模式
图片来源：　www.DPZ.com

鸟瞰图一

鸟瞰图二

锡赛德（Seaside）社区是新城市主义传统邻里开发（Traditional Neighborhood Development）模式的典型代表之一，位于美国佛罗里达州巴拿马城（Panama）和沃尔顿海滩（Walton Beach）之间的狭长地带，南邻墨西哥湾，北邻未开发的林地，西临沃特卡拉自然保护区（Watercolor），东临锡格罗夫社区（Seagrove）。有"翡翠海岸"美誉的 30A 公路横穿整个社区，将 32 ha 用地划分为 1/3 面积的海滩和 2/3 面积的建设用地。1996 年，电影《楚门的世界》的拍摄组在考察美国东、西海岸的

鸟瞰图三

市政广场

中央广场

斯蒂芬·霍尔设计的梦想高地

《楚门的世界》拍摄地

开放社区之后，一致认为始建于 1982 年的佛罗里达州锡赛德社区是最为理想、最能体现"美国梦"的拍摄地。2000 年，锡赛德被《时代周刊》评为美国近十年"十大设计成就之一"，代表着美国社区规划的未来。

基于规模适宜、功能混合、交通开放、形态多样及多方参与等规划原则，锡赛德社区的设计团队 DPZ 事务所摒弃了美国郊区社区一贯采用的低密度开发、土地功能严格划分、宽路和曲路及尽端路等交通组织等做法，通过传统邻里开发模式为锡赛德社区构建了一套均衡的、有秩序感的规划总平面图。锡赛德社区的形成是一个双重组织的过程：一是自上而下的形态控制准则，从控制性规划、公共空间标准、建筑类型标准、建筑标准、临街面类型标准、街区标准等方面对锡赛德社区的总体规划进行把控；二是自下而上的合作设计，在形态准则的控制下，通过阿尔多·罗西

教堂　　　　　　街道

（Aldo Rossi）、史蒂芬·霍尔（Steven Holl）等众多建筑师的参
与，保证了社区的建筑多样性。如今，锡赛德社区的整体风貌呈现出
形态紧凑、集约增长、功能混合、小型街坊、密窄路网等特点，350
栋独立住宅风格统一、式样多样，从社区的任何位置均可步行至邮局、
美术馆、古董商店、咖啡店等公共场所，且每条道路均能便利地通向
海边。

后街　　　　　　海边

埃及卢克索新古尔纳村
New Qurna Village, Luxor, Egypt

住区性质：　新址安置的乡土聚落

建造地点：　埃及卢克索市

用地规模：　202 ha

人口规模：　7000 人

建造时间：　1946—1952 年

主要智慧：　传统乡土材料与现代规划理念的结合

图片来源：　www.wmf.org

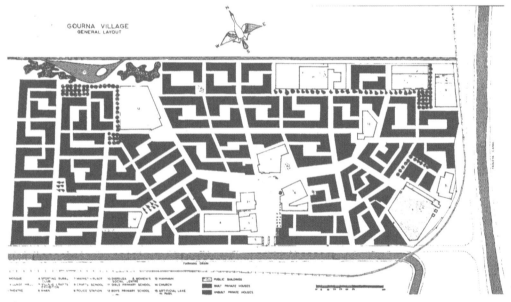

总平面图

　　新古尔纳村位于以古埃及城遗址闻名的卢克索市，是一个紧邻埃及贵族陵墓遗址的聚落。该项目由国际建筑师协会金质奖章获得者、埃及建筑师领袖人物哈桑·法赛（hassan Fathy）负责，旨在安置因文物保护而需要迁移的旧古尔纳村的居民。他认为新社区在建设时不能简单地套用一种具有普适性和一般性的技术，盲目地将思维统一于一个普遍的生活模式或框架之中。他通过新古尔纳村的设计任务，将以上思想进行了一场实验性尝试，运用当地的乡土材料和自然通风等手法，获得了兼顾成本效益与形态美观的效果。

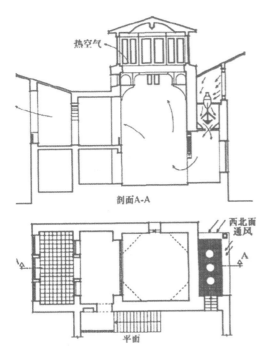

典型平面图和剖面图

施工过程

法赛邀请了多位建筑师共同参与设计，每一位最多只能接受 15~20 组住宅单元项目的委托。在每组住宅的具体设计中，要求建筑师考量居民的家庭经济条件、职业和家庭规模等因素，用公共空间将独立的住宅模块联系起来，塑造新村的整体性。为了能为新村住宅设计营造出地域性和归属感，法赛摒弃了常用的水泥材料，主张统一使用当地的灰泥材料，与稻草混合在一起制作轻型土坯砌块，利用扁斧加工后砌筑墙体。由于风干土坯砌块的隔热性能好，因而砌筑的墙体非常适合埃及炎热而干燥的气候。此外，他利用内天井和带有窗洞的穹顶组织居住空间，利用竖井的拔风作用加强室内的通风效果。整体上新古尔纳村呈现出土色的建筑纹理，与蓝天的纯色背景形成了鲜明对比，再加上古埃及建筑中常用的穹顶、拱券等元素，渲染出建筑在形式与色彩上的美感。

法赛主导的多方参与和合作方式是该项目获得成功的一个关键因素。他

洞口的不同做法

神殿壁画上哈特谢普苏特女王制作土坯砖的场景

局部一

哈特谢普苏特女王神殿

旧古尔纳村

局部二

局部三

局部四

场景一

场景二

场景三

让居民自主建造土坯建筑，建筑师、使用者、施工者一起工作，使工程造价比正常工程承包价节省 50%。他建立了以 20 户为标准的邻里单位，每一个邻里单位组建一只拥有 4 位工匠、24 位年轻居民和几十位少年帮工的施工队伍；除工匠之外的所有参与者，均有机会获得真正的专业培训，在未来成为真正的工匠。法赛还提出了"边设计，边建造"的方法，先设计出一些住宅方案由村民去实施建设，然后在建造过程中对其他住宅方案进行逐步设计。

新古尔纳村的设计是从其社会背景和地域环境出发，因地制宜地按照所在地区的文化特征和居民的生活情趣，通过建筑师的引导以及开发、利用现有的资源而发展的新社区。它避免了现代建筑惯有的同质化问题以及夸张新奇的标志性问题，创造出了饱含本土特征、经济适用的艺术作品。

中国山东济南岳滋新村

New Yuezi Village, Zhangqiu, Jinan, Shandong, China

住区性质：　双重组织类住区

建造地点：　中国山东省济南市章丘区垛庄镇

用地规模：　1.54 ha

人口规模：　42 户

建造时间：　2015 年

主要智慧：　因泉而生

基于双重组织的设计结果　　　　基于他组织的设计结果

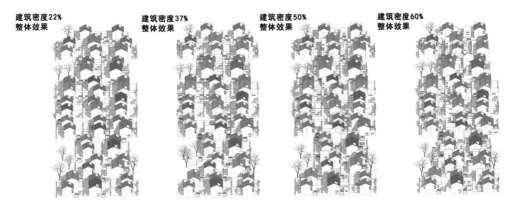

不同建筑密度的整体效果

根据岳滋村的总体发展目标——以农业和旅游为经济增长极，构建生产、生活、生态"三生一体"的可持续绿色乡村——在村落空间结构整体的控制下，采取的空间策略主要包括 3 种：①对于村落中风貌较为完好的民宅予以保留；②对于局部修缮加固后可改观的民宅予以改建；③对于建筑形象完全破坏、与乡村整体风貌不符者，或者功能置换的予以拆除。目前，符合拆迁条件、迁入新村的户数共计 42 户，包括低保户 5 户、五保户 25 户、一般富裕 10 户、非常富裕 2 户。

在规划愿景中，以上 42 户将向村落原址的东北方向迁居，在临近村口和拟规划沼气厂的位置规划新村，集中安置。新村的基地东西长 280m，南北宽 55m，用地面积约为 1.54 ha；基地南高北低，北临溪流，南依缓坡，沿溪流东西向展开，地势较为平坦。

核心住宅的定位与数量	
定制空间衍生的前提条件	
定制空间向西（东）横向衍生	
定制空间向南纵向衍生	
定制空间向北纵向衍生	
日照约束	

通常生成设计完成的各阶段平面图和轴测图

设计原则主要包括如下四条：一是确定了新村每户均要实现太阳能、沼气、泉水入户等硬性条件；二是确定了新村"住宅—宅院—街坊—住区"四级空间结构；三是因为每户现有居住条件差异太大，且存在除居住之外的功能需求，为寻求平衡、保障贫富各方既能负担得起又能受益，确定了以宅基地的法定最大面积与满足最低生活需求的最小建筑面积作为经济技术指标，差额通过支付补偿金的形式实现平衡；四是给予住户自助建造指导，根据各方实际需求自行改善居住现状。

以《山东省村庄建设规划编制技术导则》为依据，确定了人均建设用地面积不大于90m²，户均宅基地面积不大于166m²的要求（因地势平缓，参考平原居民点的要求），住宅建筑基底面积不超过宅基地面积的70%；根据每户容积率大于或等于0.5和建筑面积不超过250m²的要求，确定了每户建筑面积最小为83m²；层数以2层为主，不宜超过3层。

新村内景

　　首先，在保证土地集约利用的前提下确定新村宅基地的长、宽比例。根据既有乡村住宅和现代联排别墅的形态比例作为参照，对不同比例的案例进行推敲，得出以下结论：面宽过大，尤其是长宽比接近 1 的形态更容易形成合院，但是在面宽小、长宽比大于或等于 1.5 的宅基地内布置 L 形住宅，可以更充分、有效地利用土地。其次，为便于限定最小房间的面宽和其他功能空间的尺寸，选择以 1.5m 作为宅基地模数。再次，根据新村基地的建筑红线范围和宅基地面积不大于 166m² 的要求，确定宅基地的长度和宽度分别为 15m 和 10.5m。最后，以宅基地为单元，以不超过 6 户为组团，形成新村的规划草案。在规则制定方面，定义了统一建设的核心住宅和自助建设的定制空间，两者协同构成空间系统的双重基本单元；定义了定制空间的衍生规则，使其既能保障村民的基本生活需求，又能依据村民个体需求实现人居单元的可持续生长；利用基于编码的生成设计对新村空间的演变进行控制。

第 3 章

建筑尺度的生态智慧

3.1 院落式建筑

中国山东青岛里院
Liyuan house, Qingdao, Shandong, China

建筑性质：　庭院围合式里院建筑聚落
建造地点：　中国山东省青岛市
建造时间：　1897 年
主要智慧：　西方文化的竖向商住一体建筑格局与中国传统四合院住宅形式的结合

青岛胶澳总督府

青岛里院是一种将西方文化中竖向划分的商住一体楼房格局与中国传统四合院式住宅相结合的建筑形式。1897年，青岛因中德《胶澳租界条约》被德国强占，西方文化中的楼房格局与中国传统四合院住宅形式发生碰撞，"里院"建筑应运而生。德占时期，规划以"华洋分区"为原则：洋人区分布于沿海地带，街区大、建筑尺度大、道路宽敞且人口密度低；而华人区多分布于内陆地区，街区小、道路狭窄、人口密度高且建筑以庭院围合而成。

里院建筑的"里"是指"一层大部分为沿街店铺或商业网点，二层以上为居住区"的形式。随着商业的发展以及人口的迁移，"里"已经不能容纳更多的人居住，需要通过"院"的形态提升土地的利用效率。里院内设有一处集中使用的水龙头和厕所，供居民生活使用，也有市场、戏院等其他功能的设施。居民可以从不同的临街入口、门廊进入庭院。里院内部设置有楼梯和回廊，楼梯作为竖向交通工具保证了里院内部空间的竖向连接，而回廊则作为横向交通工具确保了内部空间的横向连接，使得里院成为一个有机的整体。里院内的建筑一般采用砖木结构，既包含具有传统建筑特点的院内回廊、迎门影壁以及立柱上的透雕雀替，

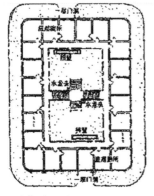

里院典型平面

也不乏德式建筑的细部特点，如主入口两侧作壁柱、檐口正中高起山花等。屋面采用红色平瓦，加上花岗岩的墙基、墙裙和黄色的墙灰抹面，与周边其他里院建筑、沿海西式建筑等，共同组成了青岛"红瓦、黄墙、绿树、碧海、蓝天"的独特城市风貌。

在里院的建筑形式中，有一类形态特殊的类型。这类建筑虽然带有浓厚的欧式风情，因个性很强，肩负着标志建筑的职责，却是源于"里"的原型，其最具代表性的建筑是德国胶澳总督府旧址。整栋建筑呈"凹"字形，主墙体全部用巨大的花岗岩石块砌成；其屋面沿用了里院传统的红瓦覆盖，但内部功能方面则将原有商贸与住宅的结合调整办公与配套辅助用房结合的规划。胶澳总督府在采用里院传统院落形式的基础上，对其功能和建筑立面进行了优化，是对青岛里院建筑的一种发展和传承。

年久失修的里院内部一　　年久失修的里院内部二

青岛沿海一线

中国山东枣庄山亭区洪门村"葡萄森林"

Grape Fores, Hongmen Village, Shanting, Zaozhuang, Shandong, China

建筑性质：　庭院经济
建造地点：　中国山东省枣庄市山亭区
建筑规模：　620 ha
主要智慧：　产居一体

总平面图

村口的葡萄迎宾大道

村中心的"鱼菜共生"开放空间

村后的葡萄集中养殖区　　　　　　　　　　可供采摘的葡萄园

村巷　　　　　　　　　　　　　　　　　　村口的招牌

　　洪门村位于山东省枣庄市山亭区北庄镇，是熊耳山抱犊崮国家地质公园内一处独具特色的生态庭院经济示范村。该村依山背水，环境幽雅，立足物产资源优势，大力发展"农家乐"特色生态休闲旅游，以葡萄种植为特色产业。同时，洪门村也是全国农业旅游示范点、省级旅游特色村、省级绿化示范村，庭院经济开发率达 98% 以上，2016 年被评为第三批省级传统村落。

　　洪门村地处山坳之中，村落建设空间由传统庭院组合而成，一处处散落于山坡脚下。村中建筑有石头房和砖瓦房，多已年久失修，村民保留其基本的山墙和地基，为旧建筑赋予新生命，对房屋进行修复后作为民宿，开展农家乐等活动。庭院内葡萄藤架与建筑相生相依，也成了洪门村最具特色的村落风貌。葡萄架下空间综合利用，套种芋头、地瓜和其他农作物，院中种植葡萄用的肥料都是家中动物的粪便与蔬菜残叶经过家中小型化粪池处理得到的农家肥，这是一种充满传统智慧的污水垃圾循环处理方式。洪门村这种生态庭院经济发展模式，是产业、旅游和风貌营造三者结合的最佳范例，既保留了山地型村落的传统风貌特色，又发展了经济，对缺少历史文化资源的村庄如何创造适宜风貌具有示范性的作用，展现出人民无穷无尽的生态智慧。

中国山东临淄敬仲镇"上兰下鱼"大棚

The Greenhouse Of Upper Orchid And Loner Fish, Jingzhong,Linzi, Zibo, Shandong, China

建筑性质： 立体养殖大棚

养殖面积： 1.07 ha

建造地点： 中国山东省淄博市临淄区敬仲镇

主要智慧： "上兰下鱼"立体混养模式

立体养殖大棚场景一

淄博沐风兰桂农业专业合作社位于淄博市临淄区敬仲镇，拥有立体养殖大棚 12 个，养殖面积 16 亩，主要从事观赏鱼、桂花和兰花养殖。通过几年的养殖经验，摸索出一套"上兰下鱼"的新型立体养殖特色模式。这种原创的特色养殖模式因占地少、见效快、绿色环保而受到养殖户的欢迎，也获得了当地政府的肯定和支持。

这种模式是在太阳能立体养殖大棚中实现的：通过底层深挖形成养鱼池，养殖罗非鱼等热带性鱼类，鱼池上方搭架栽培名贵兰花品种，充分利用了温室养殖空间，既减少了土地占用，又提高了土地使用效益。给花卉喷灌时，采用鱼池底部养殖废水水泵喷灌的方法，大量节省人工，喷灌后的剩余水量由架空的花架上滴下，为养鱼池实现雨淋式增氧，同时调节大棚内的温度和湿度，为热带花卉提供了相当适宜的生长环境，也给罗非鱼越冬保种和夏季快速生长提供了条件，而花卉生长又可有效地降低鱼池氨氮含量。每年两季进行鱼类捕捞后，收集鱼池废泥、花叶、牲畜粪便投入沼气池生产沼气，将鱼池底泥风干后，连同沼气池的沼渣及土杂肥混合后栽植盆花，实现了生产绿色生态农业的有机肥、污染零排放的生态养殖要求，展现了当地人民的生态智慧。这种新型科学的养殖模式具有显著的经济与生态效益，是一个具有辐射带动作用的新产业模式。

立体养殖大棚场景二

中国陕西咸阳柏社村地坑窑院
Pit kiln in Baishe Village, Xianyang, Shaanxi, China

建筑性质：　下沉式窑洞聚落
建造地点：　中国陕西省咸阳市三原县柏社村
建筑规模：　约 67 ha
人口规模：　约 3756 人
建造时间：　晋代
主要智慧：　充分地利用了当地的黄土与古土壤层的不同特性
图片来源：　梁瑞

　　地坑窑院是人类"穴居"发展演变的实物见证。通常，它是在平整的地面挖一个正方形或长方形的深坑，然后在坑的四壁凿挖若干孔窑洞，形成一个四合院，其形状多呈正方形、

内院

长方形，砖砌、土造、泥抹是主要建造方
法。柏社村目前是全国地窑保留最多、最
为完整的村子，窑院分布如棋子般散落，
又被密植的楸树遮挡，"进村不见人，见
树不见村"。因为这种奇特的生活方式，
柏社村被誉为"中国古窑第一村""地平
线下的村落"，2014 年被评为"中国传
统古村落"。

　　柏社地坑窑院深约 6~7m，坑的四
壁通过挖掘而设置若干孔窑洞（一般为
8~12 孔），其中一孔窑洞内有一个斜坡
通道拐个弧形直角通向地面，用作出行门
洞。在通道一旁有一眼水井，深度超过
40m，供人畜用水。距井口 3~4m，打有

内院三

入口空间

内院二

红薯窖，因井水能保持一定温度和湿度，红薯
得以保存持久。窑院中间挖有渗井，供存渗雨
水之用。厨房、厕所、畜圈均设有通往地面的
除烟排气孔。在地坑窑院四周，砌一圈青砖青
瓦檐，用于排雨。房檐上砌高 30~50cm 的拦
马墙，这些矮墙一是为了防止地面雨水灌入院
内，二是为人们在地面劳作和儿童的安全所设，
三是有着美观装饰以及提醒此处有地坑窑院的
作用。沿地坑一周的窑背经过日常维护寸草不
生，既为碾打晾晒粮食之用，也是为了不让雨
水渗漏以保护窑洞。

　　地坑窑院的营造处处彰显着先民利用地

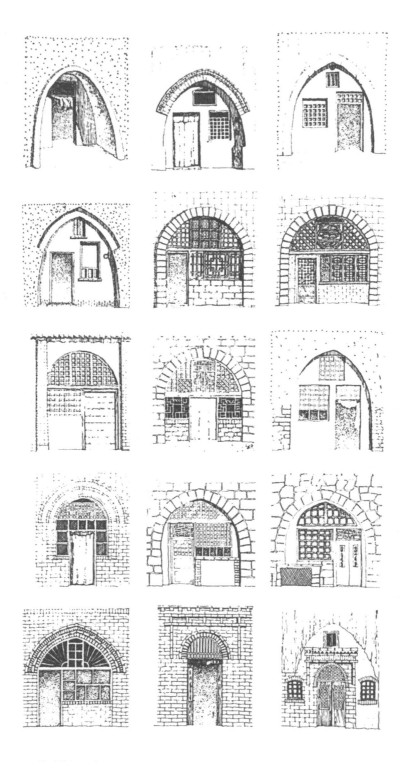

不同样式的洞口立面

内院四

质的智慧：①黄土中发育的垂直节理确保了地坑窑院的壁立，使地坑窑院可以直立下挖，不会崩塌；②结实的古土壤层是地坑院理想的洞顶，同时确保了地表水不下渗至下面的窑洞内，保障窑洞内干燥不潮湿；③疏松的黄土层是理想的窑洞居所层位，其硬度和黏度特别适宜营造洞穴；④黄土的粗砂质层是地坑窑院理想的渗排水层，利用这层黄土层疏松的结构、粗大的粒径和巨大的空隙度所产生的强大排渗水能力，能够将雨水快速排出；⑤地坑窑院的用水来自黄土层中的上层滞水，该层黄土黏土化程度较高，结构致密，形成一个挡水层，地坑窑院的水井主要使用的就是这层中的水。

在缺乏建筑材料的黄土高原，就地取材开挖窑洞，节省了大量木料和砖石，降低了建筑成本。地坑窑院还充分利用黄土的蓄热和隔热性能特点，调节室内温度和湿度，有"天然空调、恒温住宅"的说法。每孔窑洞正常可居住 150~200 年，6 代同堂居住者曾有之。

中国河南三门峡陕州区地坑窑院

Pit kiln in Shanzhou, Sanmenxia, Henan, China

建筑性质： **下沉式窑洞聚落**
建造地点： **中国河南省三门峡市陕州区**
占地规模： **2300 ha**
建造时间： **4000 年前**
主要智慧： **充分地利用当地的黄土与古土壤层的不同特性**
图片来源： **崔世刚**

  陕州地坑窑院位于河南省三门峡市陕州区张汴乡，距三门峡市区 11km。陕州区地势南高北低，地面由东南向西北呈阶梯式降落。这里年均降雨量只有 500mm，很少有暴雨发生，有利于保证当地土壤的干燥和坚固；黄土层的堆积厚度较大，有 50~70m 厚，土质结构十分紧密，具有很好的抗压、抗震、抗碱等性能；地下水位较低，一般在 30m 以下。

  当地政府为了更好地保护地坑窑院，将北营村的村民整体迁出，安置在村南新村的联排

南营村鸟瞰图

别墅里。原有的村址被开发为地坑窑院民俗文化院。文化院主要由 22 栋地坑窑院相互打通组成，内设不同主题，全方位向世人展示地坑窑院的历史演变及陕州地区人们的生活风貌与民俗技艺。同时，这里还保留了许多未经开发的地坑窑院供游客参观。当地的民俗表演与非遗展示，如捶草印花、陕州剪纸、锣鼓书、澄泥砚、木偶戏、皮影戏、糖画、红歌表演、陕州特色婚俗表演等，也被收进地坑窑院进行展览。

南营村位于北营村正南 1km 处。目前，村内 50 余户人家仅有 3 户仍然居住在地坑内，均为老年人，其他人家选择在地坑之上建造民宅。范家坡村位于南营村西南 600m 处，村内尚有 20 余户，老年人居多。这里的地坑窑院基本都已坍塌废弃，少数被填埋另起了新房。

北营村地坑窑院的内部空间

范家坡村的废弃窑洞

北营村的地坑窑院一

北营村的地坑窑院二

南营村的地坑窑院一

南营村的地坑窑院二

北营村地坑窑院入口

南营村的地坑窑院入口

北营村地坑窑院的地上部分细部

3.2 独立式建筑

印度印多尔阿兰若低收入住宅
Aranya Low-Cost Housing, Indore, India

建筑性质：　**混合居住的开放住宅**
建造地点：　**印度印多尔市**
用地规模：　**85 ha**
人口规模：　**6 万人**
建造时间：　**1986 年**
主要智慧：　**有组织的增量建设**
图片来源：　**www.akdn.org**

航拍图

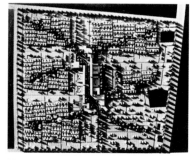

整体沙盘

　　印度阿兰若低收入住宅是由 2018 年普利策建筑奖获得者多西设计的，其目的在于制定住宅的设计规则并在具体的操作层面对规则进行直观的诠释。该示范住宅的设计规则是通过以下几个环节定义的。

　　（1）模度的定义。多西借用柯布西耶提出的基于人体尺度的模度理论，通过人的坐、卧、立等行为确定了一套数值和比例来控制住宅的自助建造，使之从整体贯穿至细节。例如，房间高度是以"模度人"伸展手臂的最长尺寸 226cm 与缓冲距离 25cm综合确定；露台围栏、窗台等是以"模度人"的脐高113cm 确定；Otla（见第 074 页）的踏步尺寸是基于其社交功能确定为"模度人"的蹲坐尺寸 27cm。

　　（2）模块的聚合。聚合是建筑功能模块的形态组织规则，依据住户需求，建筑模块可以在核心住宅的水平和垂直方向上进行排列组合。在水平方向上，模块的功能依次为入口空间模块、公共活动空间模

■中央主街"巴扎" ■开放性次街   •片区级基础设施布局   ·街(社)区级基础设施布局

主街与次街   基础设施的布局与层次

■城镇级道路－30~60m   ■片区级道路－12~15m   ■高收入社区（HIG）   ■中等收入社区（MIG）
■街(社)区级道路－9.5m   ■住宅单元级道路－4.5m   低收入及超低收入社区（LIG、EWS）

道路的网格与分级   开放空间的层级

块、餐厨空间模块、服务核模块，以上模块的进深尺寸分别定义为 3.23m、3.78m、2.34m、
2.51m，开间尺寸除厕所为 2.51m 之外，其他均为 4.82m。在垂直方向上，除了位于一层
的服务核因属于核心住宅而被固定外，其他模块均可以在一层或二层聚合扩展。这种规则除
了使同质的住户单元产生不同的形态外，其相互之间的界面关系以及与开放空间之间的交互
关系也会产生细微的变化。

（3）边界的延展。延展是对建筑功能模块的边界进行扩展。初始的建筑功能模块在后
期使用中被局部改造，以适应住户不同时段的不同需求。这一规则不会过多地干预模块之间
的关联性，而是通过模块本体发生细微的变化使住房具有一定的动态适应性。具体规则大致
划为两类：一类是模块在横向或竖向上扩展，实现房间尺度加大或产生具有烟囱热压通风效
应的二层通高空间；另一类是利用模块的外边界产生单元级的过渡空间 Otla。为了确保前街

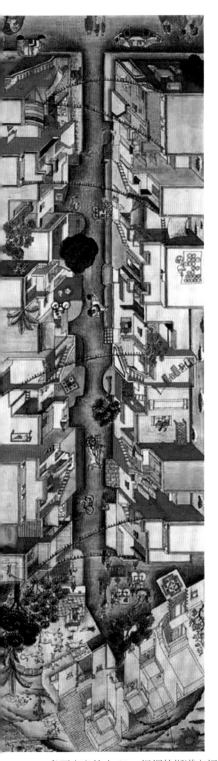

多西定义的由 Olta 组织的街道空间

街巷空间

结构基座与服务核一

街道界面的完整和有序, 瓦斯图希尔帕基金会 (VSF)
在自组织规则列表中定义了三种 Otla 类型: ①沿街不
加建; ②临街是 1 层时, 加建露台、门廊、楼梯; ③
临街是 2 层时, 加建露台、门廊、楼梯、阳台。门廊
与楼梯可以开放或半开放, 楼梯又分为直跑、双跑、
折跑和螺旋四种样式, 从而在每一大类中还会因为用
户选择门廊与楼梯形式的不同衍生出更多的沿街界面
做法。

（4）内部的切分。切分是利用建筑构件或家具对
建筑功能模块的内部空间进行二次划分。包括内墙、楼
梯和走廊等在内的建筑构件都可以在用户的具体要求
下实现灵活布局。住户在主要房间的动线, 也可以根据
作息时间和家具布局进行划分。此外, 还可以根据住户
对于露台在雨季与旱季的不同使用方式进行划分。

（5）适宜的技术。为了使当地的乡土构造得以"适
应性再生", 多西推荐使用当地传统的砖砌建造技术,
因其兼具结构可靠、节能环保和本土特征, 能够形成
一种小规模、低成本、技术简易、便于推广, 与生态
系统相容的"中间技术"。砌块的不同砌筑方式可以
形成各式各样的纹理, 且不同的住宅经过不同色彩的

装点，与地面、植物、天空等背景融合在一起，构成了丰富多彩的乡土环境。

　　基于住户个体需求的自助建造，原则上不宜过多干预，但考虑到住户之间经济承担能力和建造技术水平差异太大，多西从自建的灵活性、模块的增量值、住户的参与度、自建的预留度 4 个方面定义了自助建造的规则，指导住户以环境友好的方式开展自建，从而将住户的建设行为高效纳入核心住宅与基础设施构成的住房单元系统之中。自建的灵活性和模块的增量值是关乎空间品质的重要内容，也是实现住区风貌统一与多样的根本要求。住户的参与度反映了个性化表达的深入程度。而预留度则是指介于公共性和私密性之间的过渡空间，既为在住宅和开放空间之间预留适当的缓冲区域，又能减少自建对公共空间产生的不良影响。

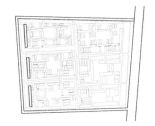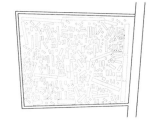

规划方案的论证过程一

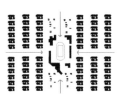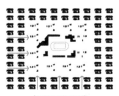

规划方案的论证过程二

结构基座与服务核二

结构基座与服务核三

日本白川乡合掌造住宅

Thatched Roof Cottages in Gassho-zukuri, Shirakawa, Japan

建筑性质：　草木建筑

建造地点：　日本白川乡

建造时间：　19 世纪末

主要智慧：　合作造屋，木架建构

图片来源：　http://shirakawa-go.org，姚敏峰，戚琳

　　白川乡合掌造聚落深藏于飞驒地区海拔 1500m 的山谷之中，分布于庄川河两岸，这里丛林茂密，耕地稀少，是日本降雪量最大的地区之一。相传在日本平安时代末期，平氏在与源氏家族的战争中落败，因而遁入此地隐居。他们为了抵御严寒而用芦苇搭建简易的屋舍，即为合掌造住宅的最早起源。合掌造住宅的建设与修缮过程，包括材料的开采、结构的搭建、茅草屋面的铺设与更换等，这些步骤均需要众多劳动力合作才能完成。茅草屋面作为合掌造住宅的最显著特征，虽然并非仅在白川乡当地流行，但其材料的选择和制造的工艺却是独树一帜的。一般来说，主体结构的设计由专业的工匠负责，他们同时指导住宅的具体施工，而村民则在"结文化"的凝聚下协作完成住宅的最终建设。茅草屋面的传统翻新修缮过程主要包括如下 5 个环节：①提前 3 年以上开始准备工作；②根据屋面面积测算所需茅草数量和人力工作量；③事先联系亲戚和邻居以确定合适的施工日期；④提前收割好将要使用的茅草并妥善保存；⑤细分包括茅草和其他施工材料的收集、搬运、筛选、整理等工作。以上环节的工作一般由男性村民完成，而女性村民则负责包括做饭、准备点心和仪式等后勤保障工作。通常情况下，同一时段内一个聚落仅允许一户住宅开展修缮工作，这需要 200~300 人各司

合掌造的屋面结构图

村中场景一

村中场景二

合掌造民居外观

"结文化"的合作造屋场景

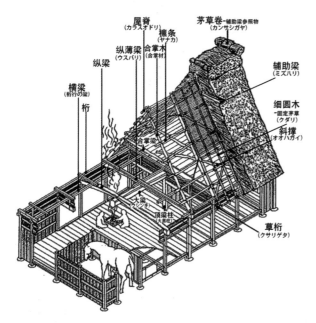

合掌造民居的结构图解

合掌造民居的平面图

其职才能完成，1~2天即能更换好茅草。近年来，由于白川乡当地人口的大幅流失，第一产业衰退，加上老龄化等问题，维持往日的传统习俗也越来越困难。为此，来自日本社会各界的志愿者在"结文化"的影响下汇集于此，共同参与合掌造住宅的修缮工作，使白川乡的传统合作模式得以延续。

合掌造住宅作为日本传统民居中极为特别的一类，因屋面呈"人"字形，好似合十的双手，故名"合掌"。其结构通常依靠榫卯和草绳的连接进行支撑。合掌造的整体造型和建筑装饰保留了日本战国时期的建筑文化，住宅建筑的高度和规模几乎一样。虽然室内可住宿的房间只有4~5间，但都十分宽敞，可容纳20~25人同时居住。大型的合掌造住宅在竖向上可分为四层。一层主要是生活空间，除了起居室之外，还包括卧室、餐厅、

雪中的合掌造民居一　　　　雪中的合掌造民居二　　　　　　雪中的合掌造民居三

浴室等。合掌造的坡屋面覆盖了二至四层，面积自下而上递减：二层是开放式空间，一般用作储藏与纺织工作室；一层和二层之间夹有称为"中二阶"的空间，是一种需要弯腰低头从横梁下进入的小房间，在木板墙底部有一称为"火见窗"的小开口，用于防范起居室的取暖火炉所引发的火灾；三层为养蚕空间；四层是由三角形屋架围合的阁楼。一层烧火炭取暖时，热气与烟雾从木板的缝隙中扩散至上部楼层。古时的白川乡村民正是依靠这种采暖方式才能在寒冷的冬季在屋内养蚕以维持生计。此外，地炉炭火燃烧产生的烟雾也会穿至屋面，这有利于茅草屋面的防虫、防腐。

日本传统民居的茅草屋面以"入母屋造"（歇山顶）或"寄栋造"（庑殿顶）为主，而合掌造住宅的屋面却为"切妻造"（悬山顶）。"切妻造"屋面内部的空间较为宽敞，呈正三角形的"妻"（山墙）上有开口，迎合了当地盛行风向（南北向），既引导了室内外空气的流通，又最大限度地减小了建筑的风阻，还能获得较好的采光，营造出冬暖夏凉的室内环境，有利于蚕的养殖。通常情况下，合掌造的屋面坡度为 60°，相对于其他形式的坡屋面，更不易留存积雪，在确保结构稳定性的同时，也为村民减少了打扫屋面积雪的工作量。

合掌造在我国建筑史学界被称为大叉手。柱、梁、椽等主要承重构件均由工匠设计、制作并精确定位，它们通过稻草绳或金缕梅的嫩枝捆绑连接。构件形态主要分为两种：①两头细、中间粗的"铅笔"状圆木；②粗细均匀的矩形方木。屋面的结构大致分为内外三层。最内层是较为粗壮的斜圆木，被称为"合掌木"，其端部两两相交，中间增加一根平行于山墙方向的方木，形成的一榀三角形屋架，作为屋面的核心承重结构；而屋面每一侧的合掌木之间有方木斜撑绑扎，进一步提升了单侧屋面结构的稳定性。在中间层的位置，平行于屋脊方向固定有一排类似于檩条的矩形方木，连接着各合掌木以提升单侧屋面的整体性，也便于屋架外侧茅草及其附属结构的绑扎，起到承上启下的作用。在最外层的位置，平行于合掌木设有一列较密的细圆木，用于茅草的捆绑和固定。三层结构按照"圆木—方木—圆木"的规律排列布置。

美国加利福尼亚索萨利托船屋住宅
Sausalito Houseboat, California, US

建筑性质：   **两栖动态适应性住宅**
建造地点：   **美国加利福尼亚州索萨利托湾**
建筑层数：   **2 层**
建造时间：   **20 世纪初**
主要智慧：   **水陆两栖、动态建筑**
图片来源：   Anderson H C.

鸟瞰图

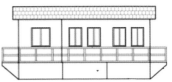

典型船屋平面图和立面图

　　两栖船屋是一种可随洪水涨退变化、水陆两用的、具有动态适应性的住宅建筑类型。在未发生洪水时，可正常固定于地面之上；当发生洪水时，建筑主体会随水位升高而浮于水平面之上，使其免受洪水侵害，待洪水退去后再恢复至原先状态。美国加利福尼亚州索萨利托湾（Sausalito Bay）有着近 500 栋各式各样的两栖船屋沿码头排列，其中一些船屋的历史最早可追溯到 20 世纪初。1906 年旧金山地震后，许多失去住所的居民开始在海湾定居，他们将当地驳船改造为住所，并用绳索将其固定在沿海岸线的桩子上，船屋随海水的潮涨潮落竖直上下移动。驳船尺寸通常为 4.88 m×9.75 m（16 ft×32 ft），内部只有 3~4 根柱子，所以其空间比较开敞并有一定的灵活性，屋面多为弓形。二战后，当地因老兵安置增加了大量的住房需求，许多居民搜寻废弃的建筑材料和船料，把旧船改造成两层的漂浮住宅，最终形成了现在的船屋社区。

场景图一   场景图二

　　两栖船屋的升降距离是由建筑底部的空腔式混凝土基础决定的，空腔内通常需要填充塑料泡沫等低密度材料，使其能在洪水中产生浮力，从而抬升建筑主体。建筑的稳定性由专门的竖直导向系统保证，采用竖向基坑或者滑动铁链与固定铁柱相连接的方式，防止建筑在上升和下降过程产生横向位移，确保其安全稳定。

　　为减少船屋对水湾环境的破坏，当地政府出台了相关政策规定，包括限制船屋的大小、保留滨水景观、连接市政管网以及船屋漂浮高度限制等。每栋船屋均应配有自己的污、废水接收池以及相应的过滤装置。为了使建筑内部的水、电等管网可以随建筑位移而能继续使用，它们通常要统一安置于可灵活伸缩的 PVC 管中。两栖船屋作为一种适应性防洪建筑策略，能够从对抗自然转变为顺从自然，是生态智慧的典型表现。此外，在一些新建船屋中，使用了发泡聚苯乙烯等漂浮材料、浮箱或浮筒等增加浮力，并在建筑中央加入厨房、浴室等高荷载功能，以增加船屋的稳定性。虽然这里的船屋需要每 20 年申请一次建筑所有权，且每月均要缴纳 550 美元的泊位费，但依然吸引着大量居民前来安居。

场景图三

欧美洪泛区两栖住宅

Amphibious House, Floodplain, US & UK

建筑性质：　**两栖动态适应性住宅**

建造地点：　**欧美洪泛区**

建筑层数：　**2 层**

建造时间：　**21 世纪初**

主要智慧：　**水陆两栖、防洪建筑**

图片来源：　**English E.**

干栏式/架空　　　抬高地坪式　　　桩基式　　　高台式　　　漂浮式　　　两栖式

不同类型的住宅剖面示意

两栖住宅与其他传统建筑应对洪水的情景

　　两栖住宅作为一种动态适应性建筑的防洪策略，被广泛在世界各地传播并实践。1975 年前后，为了减轻美国路易斯安那州受密西西比河季节性洪水泛滥的影响程度，当地住宅建筑开始使用以发泡聚苯乙烯（EPS）为主要材料的浮力基础和带有滑动套索的钢导柱；1995 年前后，荷兰马斯河流域也出现了应对洪涝灾害的两栖住宅实践；2007 年，布拉德·皮特（Brad Pitt）帮助新奥尔良居民建造了 150 栋低成本、可持续的两栖住宅并成立了"Make It Right"（MIR）基金会；2009 年，Morphosis 建筑事务所为"和平号"空间站设计并建造了一栋名为"漂浮屋"的两栖建筑——建筑基础由玻璃纤维增强混凝土板制成，使用 EPS 材料填充，建筑左右两端各设有一根垂直导向杆，防止建筑发生侧向移动。此外，在英国、孟加拉国、美国和泰国等国家中也陆续出现了一些小规模的住宅实践案例，而法国、加拿大、

美国新奥尔良的两栖住宅一

美国新奥尔良的两栖住宅二

荷兰等国更是发起了一些大规模的两栖住宅开发项目。如今，随着现代科学技术的发展，两栖住宅越来越具有推广应用的价值和前景。以下分别剖析了美国、荷兰和英国的两栖建筑实践案例。

2005 年，"卡特里娜"飓风登陆美国新奥尔良市（New Orleans），导致当地沿海防护堤坝溃塌，整个城市 80% 的面积被洪水淹没，经济损失惨重。为此，当地政府开始寻找能替代抬高地坪式建筑的防洪做法，引导人们建设配有浮力基础的两栖住宅。这类做法的两栖性能得益于其特殊的基础底层构造：先在建筑主体下方建造一个与其外轮廓形状相同大小的钢框架，再在框架之下铺设 EPS 浮力块，最后在框架的纵横梁交接点上均匀选择 4 个位置，其下方焊接钢柱，将其插入预先埋入的垂直导向管中。在洪水发生时，建筑在浮力块的作用下缓缓上升至水面以上，并在导向杆的约束下保持稳定，待洪水退去后则可以落回原位。建筑室内的管网在建筑上浮时自动断开、自动密封且不再使用。这种动态适应策略可通过改造既有建筑实现，既能促进灾后快速恢复，又在增强建筑洪水应对能力的同时保留其乡土特色。

1953 年，荷兰海岸线在飓风影响下发生溃堤，海水淹没了该国西南部的大部分地区，死亡人数超过 1800 人。为此，荷兰政府推出"三角洲计划"——建造堤坝，加强水防和缩短海岸线。该防洪计划在 2000 年经重新评估后，被更为高效的填海造田计划所取代。之后，堤坝逐渐被移除，拓宽河漫滩则成为主要的防洪工程。事实证明，该决策在近 20 年间发挥了重要的防洪作用。此外，他们还开发了适应水位上涨的两栖住宅，其中以马斯博梅尔的淡水型联排水屋（Maasbommel House）最为典型，截至 2011 年已发展为由 32 栋住宅组成的水上社区。该类建筑采用了双重浮力系统，既要将 EPS 块内嵌置入混凝土基础筏板，又要将平日可正常使用的地下室封闭起来以形成空腔结构。为了防止建筑主体在水中发生侧移，还需在其两侧分别布置 4.5m 长的空心导向杆，它们垂直穿过基础筏板并固定于地面。在洪水作用下，建筑可沿导向杆上下移动，导向杆中的软管（管线）也会随之相应伸缩。

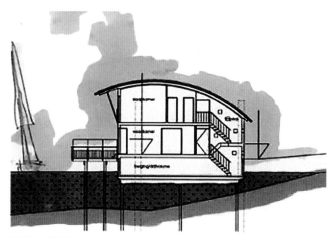

荷兰水屋住宅一

荷兰水屋住宅二

　　英国第一栋两栖住宅位于泰晤士河沿岸的马洛（Marlow），该建筑是一栋地上两层、地下一层的住宅建筑。地下一层的建筑构造与荷兰水屋住宅一样，也采用了双重浮力系统。但不同之处在于：首先，他们的基础接触面一个是水体，一个是土壤；其次，在解决横向侧移的问题上，英国案例采用了一种特殊模式，即在基坑四角分别安装有滑轮装置的镀锌钢轨，建筑发生竖向位移时受到钢轨制约，仅能贴着基坑护壁滑动有限距离。建筑管线则集中沿基坑护壁穿过建筑基底，向上与室内设备连接。

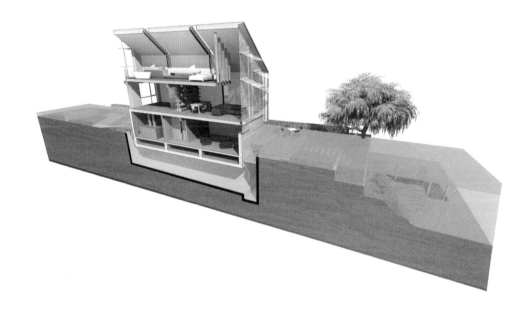

英国泰晤士两栖住宅一

英国泰晤士两栖住宅二

中国云南澄江烤烟房

Chengjiang Roast House, Chengjiang,Yunnan, China

建筑性质： 烘烤烟叶的生产类建筑
建造地点： 中国云南省澄江市
主要智慧： 均匀供热烘烤
图片来源： 蓝天翔

    云南澄江烤烟房建于 20 世纪 50 年代，曾经是乡村家庭重要的生产活动中心，由农户在自家的庭院内搭建而成，专门用于烘烤烟叶。由于新式密集型烤烟房的普及应用，传统的老式烤烟房已经停止使用，处于废弃闲置状态。

上：新烤烟房，右：旧烤烟房，左：新居，下：旧居

    从形制上分析，其平面为 2.5m×2.5m 的方形且建筑层高较高，一般挂烟 5 棚；房内砌筑 6~7 个火炉，无烟管烟道，通过燃烧无烟煤，产生热气，烘干烟叶中的水分。建造时以土坯加砖的方式混合砌筑，墙基处开设进风口，屋顶开设小天窗，屋面保留了当地传统民居的双坡屋面形式。从功能上分析，烤烟房一般由五个基本部分组成：一是容烟结构，包括挡梁、土墙；二是保温保湿的围护系统，包括墙体、屋面、门、窗，其主要功能是使室内保持一定的热量和水分，使烟叶烤黄烤熟、烤香烤干；三是供热系统，包括炉栅、炉膛、火管、烟囱、火力调节板，后期为了提高热效进行了改建，即在炉膛背后的墙体下部，将火管接出，贴外墙而上形成烟囱；四是通风排湿系统，包括天窗、进风口、风道，其功能是使烤烟房的内部空间空气畅通，温度均匀，逐步排出烟叶的水分；五是观察系统，一般是将一种铁制的小板炉门置于炉膛外侧，上面设有观察门。

室内屋顶

建筑内部

外观一　　　　　　　　　　　　　　烟囱

外观二

中国新疆吐鲁番葡萄晾房
Turpan Grape Dring House, Xinjiang, China

建筑性质： **晾制葡萄干的生土建筑**
建造地点： **中国新疆吐鲁番市**
主要智慧： **利用建筑通风晾晒**
图片来源： **尹波，郭志静，孟福利**

晾房也称荫房，是新疆吐鲁番的葡萄种植农户利用盆地的光热资源，晾制葡萄干的生土建筑。在夏季，鲜葡萄经过 30~40 天的晾制，即可成为葡萄干。据不完全统计，吐鲁番当地的葡萄种植农户家庭中大约每 3 户即拥有两栋晾房。晾房均为简易的土木结构，外观呈平屋面、长方形，墙体采用土坯砖层层错位叠加砌筑，形成带有孔洞的镂空墙，既便于通风，又能防止阳光直射于垂挂的新鲜葡萄。墙体每隔 3~5m 会出现一根上下贯通的土坯柱体，以保证建筑结构的稳定性。孔洞多以方形留置，十字形的孔洞也比较常见。晾房内部的木椽之上设置了若干挂架，用树枝、铁钩或麻绳进行固定，以挂晾葡萄。挂架离地面约有 0.5m 的距离，便于通风和清扫掉落的葡萄。

晾房作为一种生产类建筑，其形制与自然地理特征以及民宅、葡萄种植区的分布情况有关。在郭志静和孟福利的《工匠精神下吐鲁番麻扎村葡萄晾房生态智慧研究》中，将晾房分为 3 种类型。一种是山坡依势型：这种类型的晾房通常独立于民宅而建于山坡之上，建筑规模根据葡萄种植区的面积而定，一般为 100~200m²；也存在几个小晾房相邻而建的情况，

山坡依势型晾房

上晾下居型晾房

麻扎村晾房分布图

晾晒葡萄的场景

晾房内部挂架

晾房局部

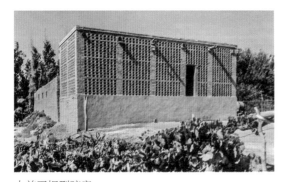

山前平坦型晾房

每间约为 10~15m^2，层高控制在 4m 左右。另一种是上晾下居型：这种类型的晾房一般建于庭院之中、民宅之上，具有典型的"三生一体"特征，既节约了建设用地，又具有秋季晾晒、春冬御寒、夏季隔热等生态特征。此外，还有一种山前平坦型晾房，建于民宅与葡萄种植区之间，便于葡萄种植农户开展生产管理等工作。

中国辽宁阜新市刘兴山温室住宅
Liu Xingshan Solar greenhouse, Fuxin, Liaoning, China

建筑性质： **多功能组合式太阳能住宅**

建造地点： **中国辽宁省阜新市**

建筑层数： **2 层**

建筑面积： **100 ㎡**

建造时间： **2004 年**

主要智慧： **"六位一体"生态家园**

图片来源： http://news.sina.com.cn/o/2007-10-13/031612718604s.shtml/

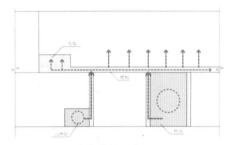

火炕、燃池和高架灶的工作原理图

火炕平面传热原理示意图

火炕工作原理示意图

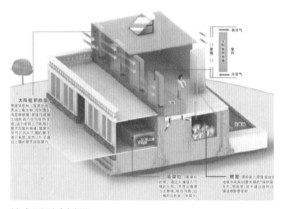

技术原型分析图

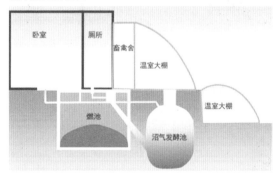

剖面示意图

刘兴山太阳能温室住宅位于辽宁省阜新市，是由当地农民刘兴山经过 20 年不懈努力发明设计的。这是一个集太阳能房、太阳能温室、太阳能禽舍、燃池、卫生间、沼气池于一体的"六位

场景

一层和二层平面图

一体"生态家园，真正做到了节能环保、舒适宜人。该项目获得了多项国家专利，并得到各级政府的支持推广。一些高校专门设立了课题组来研究其建筑性能，并在此设立了博士生实验基地，以加强农村新能源开发与节能技术方面的研究。刘兴山也因此被授予高级农业技师以及国家特批的建筑设计工程师的头衔，获得"中国农民低碳第一人""十大低碳人物"等称号。

刘兴山太阳能温室住宅的首层为 100 m²(含燃池)，二层为 60 m²，其基本组成包括居住空间、太阳能系统、温室、禽舍、燃池、沼气六个部分。其基本工作原理是：太阳能系统和燃池为人畜和温室提供适宜的室内温度，同时燃池为沼气池的发酵提供温度，人畜的粪便进入沼气池中发酵产生沼气和沼渣，沼气用于人日常做饭，沼渣提供给温室作为肥料。洁净资源在一户之内实现了低能耗、自循环，成为小型生态循环系统的理想模式。在该模式下，农作物秸秆等废弃资源得到了充分的利用，减少了化肥的使用及能源的浪费。冬季大棚、畜禽舍能得到持续供暖，提高了种植业产量、禽畜的养殖产量和质量。另外，阜新市冬季气候严寒，为解决建筑保温问题，刘兴山太阳能温室开发了一种集太阳能集热墙、高架灶和燃池于一体的生态集成技术。太阳能集热墙是在南向外墙上涂抹一层黑炉渣，再覆盖一层吸光粉，接着加盖双层玻璃；双层玻璃需要与外墙面保持 4~5cm 距离，太远则影响集热效果，太近则容易引发玻璃爆裂；空腔内的空气在加热后，通过上、下连通室内的管道，与室内空气形成内循环，从而能向室内供暖。高架灶是将传统的灶台架置于地面上方 1m 左右，以获得通风顺畅、火苗旺盛的效果。将火炕置于二楼，使烟道成向上的角度，防止了回烟。燃池是一座造价 100 元左右的封闭地窖，将作物秸秆、杂草、废渣等原料填满燃池，点燃后封闭，利用阴燃的原理可以达到持续保温、节省燃料的效果；填一次原料可以维持 1~2 个月的供暖。

低能耗、多功能的"六位一体"太阳能温室住宅实现了光、热、气、肥的协调统一，促进了农业和农村社会经济的可持续发展，是一个种植与养殖相结合、沼气池与燃池综合利用的自循环生态家园。

荷兰阿姆斯特丹"De Kas"有机温室餐厅
De Kas Restaurant, Amsterdam, the Netherlands

建筑性质：　温室餐厅
建造地点：　荷兰阿姆斯特丹
建造时间：　2001 年
主要智慧：　生产型温室的新功能模式

　　"De Kas"有机餐厅是荷兰阿姆斯特丹著名的温室餐厅。该餐厅是由原有的温室改造而来的。原有温室的历史可追溯至 1926 年，曾用作市政温室，种植花卉以及装饰城市公共空间的植物。2001 年，米其林星级厨师赫特·扬·哈格曼（Gert Janhageman）购买了该温室并将其改造为餐厅。如今，De Kas 餐厅每周为 800~1000 位客人提供餐饮服务，每周更换一次菜单，所有食物均在收获的当天烹饪。餐厅内的温室花园提供了大部分食物，其中包括大约 70 种不同的草药和蔬菜。

　　温室餐厅是生态农业、温室技术及餐饮相结合而形成的一种新型的功能性空间模式。随着人们生活水平的提高，消费者越来越关注就餐环境、舒适程度、餐饮品种、科学营养等问题。

温室与餐厅一墙之隔

种植的工具

餐厅场景

室外场景

温室场景一

温室场景二

温室场景三

温室天窗

正是在这种市场需求下，一部分聪明的温室经营者，将经营不善的生产型温室承包或租赁后加以装修，引入餐饮活动，改造成为更有商业潜力的温室餐厅。温室内部具有四季恒定的温度、四季常青的植物以及可以获得第一手新鲜食材的便利条件，获得了消费者的青睐。

　　最初，该温室只是搭建了普通的炉灶，摆些简易桌椅，招待用餐者；后来随着餐厅规模的增大，将温室结构逐渐改进、提高，演变为设施较完善、空间更大、功能更多的温室餐厅。温室餐厅不仅使餐饮产业得以升级，而且使温室技术及高科技农业技术得以普及与运用。温室工程和园林景观设计相结合，营造出一种优美的自然环境，使生活在都市中的人们能够远离城市喧嚣，欣赏别具一格的自然美景，深受城市居民的欢迎。

3.3 填充式建筑

荷兰阿姆斯特丹运河沿岸住宅
Canal Houses, Am Sterdam, the Netherlands

建筑性质：　**运河沿岸住宅**
建造地点：　**荷兰阿姆斯特丹**
建造时间：　**约 17 世纪**
主要智慧：　**沿运河而建**

　　阿姆斯特丹运河沿岸住宅是指沿运河沿线而建的联排房屋，是该地区市中心最具特色的建筑形式之一。它作为阿姆斯特丹历史遗产的见证，被列入了联合国教科文组织《世界遗产名录》。运河住宅建于 17 世纪阿姆斯特丹的黄金时期，多是富裕商人、银行家、工匠、医生或艺术家的住宅和办公室。当时城市人口迅速增长，城市的居住建筑已无法容纳更多的人

安装钢梁和滑轨的排屋阁楼一

安装钢梁和滑轨的排屋阁楼二

运河沿岸住宅一

运河沿岸住宅二

运河沿岸住宅三

运河沿岸住宅四

口；又因当时运河兴盛，在运河附近居住可获得便利的交通运输条件以及优美的自然环境。于是运河沿岸就成了新兴商人、艺术家和政客的住所和落脚点。由于土地资源有限且政府征收土地税，为了节省房屋的占地面积，运河住宅均建造得较为瘦高。这些房屋被赋予高耸的山墙、光滑的长窗、大胆的色彩等，极富视觉吸引力。

　　运河沿岸住宅在设计时受到了多方面的约束：绝大部分住宅按照联排式进行布置，居住单元的用地一般为面宽 5m、进深 15~21m；层高限定为 3~6 层，并统一规定了层高和材质。平行排列的住宅形成了完整的滨水界面，视觉上的连续性使其彰显出很好的韵律感。从剖面上看，住宅与水面、道路之间也形成特定的空间关系：有在水岸两侧直接建设临水住宅的"路—宅—河—路—宅"模式，也有住宅与水面隔街相对的"宅—路—河—路—宅"模式。通过这两种模式，将水面上的游艇、道路上的人流以及低层联排住宅统一成一幅画面，

营造出特有的生活空间。

　　运河沿岸住宅的宅基地是通过抽签的方式卖给业主的，业主从设计方提供的清单中选择建筑师，由他们按照规划要求设计住宅，尽可能地使每一栋住宅独一无二。不同的建筑师诠释着他们对于住宅、街道及水环境的理解，从而塑造出或高或低的天井、花园，极大地丰富了住宅的立面。

　　由于有洪水的隐患，住宅的前门通常较高，比道路高出 7~9 级台阶。运河沿岸住宅通常设有地下室和阁楼，用来存放贸易货物。阁楼上会安装一个特殊的钢梁和滑轮装置，用来吊起如香料、棉花或可可等较为贵重的物品。在住宅的背后，通常会有一个后花园，与道路连接。花园的布局体现了古典之美以及户主的财富、权力、地位。在花园的尽头，有的住宅还设置一处凉亭，供家人和客人放松休息。

美国南卡罗来纳查尔斯顿彩虹街
Rainbow Row, Charleston, South Carolina, US

建筑性质：　　**格鲁吉亚排屋群**
建造地点：　　**美国南卡罗来纳州查尔斯顿**
建造时间：　　**1670 年**
主要智慧：　　**新旧建筑的兼容**
图片来源：　　**倪剑波**

　　查尔斯顿小镇建立于 1670 年，坐落在库柏河和亚士利河之间的交汇处，是美国最古老的小镇之一。彩虹街是查尔斯顿小镇中最为著名的历史街区，一排十三栋色彩缤纷的历史建筑相依而立，十分独特。这排房屋位于东湾街（East Bay Street）79 至 107 号。彩虹街的名字是 20 世纪 30 至 40 年代保护维修建筑时由建筑师提出的。如今，彩虹街成了当地最受欢迎的打卡胜地，是查尔斯顿被拍摄最多的地标建筑。

　　查尔斯顿具有丰厚的历史积淀，小镇与彩虹街历经了时间、战争、地震和飓风的考验。

填充式内街

被建筑填充的通道

被楼梯填充的通道一

被楼梯填充的通道二

铺满贝壳的沙土地面

东湾街的彩虹街

1778 年，一场大火席卷了整个地区，摧毁了大部分居民区，仅有几栋建筑幸免，其中就包括彩虹街。该小镇自此经历了重新建设，用 19 世纪初至 20 世纪中叶的建筑样式取代了殖民地时期的原始建筑样式。古典复兴风格的建筑加之以周边的种植园景观，彰显了小镇的古典风味。

　　查尔斯顿十分重视保护历史区域，对历史遗产进行地区化管理和保护，使得人文景观和自然景观相得益彰。填充式住宅在排屋群中发挥了重要作用，既兼容了新旧建筑，又在保护的基础上实现了发展。当地通过颁布规划导则，对新旧建筑的高度、宽度、洞口等形式，以及材料、质感、色彩等外立面，均做出了详细的规定。

填充式内街二

填充式内街三

填充式内四

第 4 章

节点尺度的生态智慧

4.1　就地取材类节点

孟加拉国鲁德拉布尔原竹校舍
Rudrapur School with Original Bamboo, Bengal

节点性质：　**土竹结合**

建造地点：　**孟加拉国鲁德拉布尔**

主要智慧：　**就地取材、合力造屋**

图片来源：　https://www.akdn.org/architecture/project/school-rudrapur

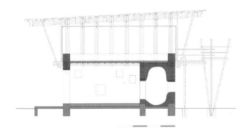

剖面图

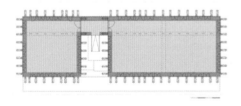

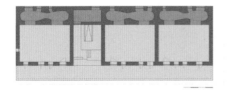

一二层平面图

　　作为孟加拉国非政府组织迪普什卡（Dipshikha）主导的现代教育培训机构（METI）发展项目，鲁德拉布尔农村儿童特殊校舍是由建筑师安娜·黑林格（Anna Heringer）和艾克·罗斯瓦格（Eike Roswag）联合当地手工业者、学生、家长及老师在四个月内通过手工建造完成的。该校舍曾在 2005—2007 年获得了阿卡汗奖（Aga Khan Award），作为未来教育发展的典范，评奖委员会认可了其在参与式建设和就地取材等方面的成绩。

　　建造的过程主要包括以下几个方面。其一，它的基础是采用 50cm 厚的砖石砌筑的，基础顶面用石膏和水泥抹平。其二，首层作为教室使用，门窗均采用竹条制作，每间教室的入口处悬垂着彩色棉帘，为粗糙的泥墙和竹板增添了亮点。其三，建筑师在首层教室的背面利用

一楼空间   二楼空间

秸秆和黏土混合砌筑了一堵带有空腔的土墙，通过有机的"洞穴空间"将教室与另一侧的出口相连，这种方法一方面考虑了空气的流通，另一方面为学生们提供了一个集体游戏、触摸探索的体验性场所。其四，首层和二层之间通过竹梁承重，利用黄麻绳将上下三根粗竹捆扎在一起，按照密肋的方式排放形成竹排，每根竹梁两侧与作为立柱的粗竹捆扎在一起，形成稳定的框架。其五，二层的水平楼板是利用剖开的竹子压平制作的，平铺于竹排结构之上，并且覆以黏土、石灰混合物压平。其六，与首层的稳固、封闭相比，二层更加轻盈、敞亮，利用横向编缀的竹条与立柱固定在一起，既增加了墙体的强度，又形成了荫凉的阴影区。最后，屋面采用的是由四根粗竹捆扎形成的竹梁，与首层延伸而上的立柱以及二层处的斜撑共同支撑屋面荷载。

　　鲁德拉布尔校舍是原竹建筑的一种，其灵活多变的节点体现了建设者的智慧。为了了解更多的节点设计，基于文献《竹子建筑》（*Building with Bamboo*）以及《竹子工艺与艺术》（*The Craft & Art of Bamboo*），归纳总结了原竹建筑常用的五类节点形式：绑扎节点、

学校整体形象   整体效果

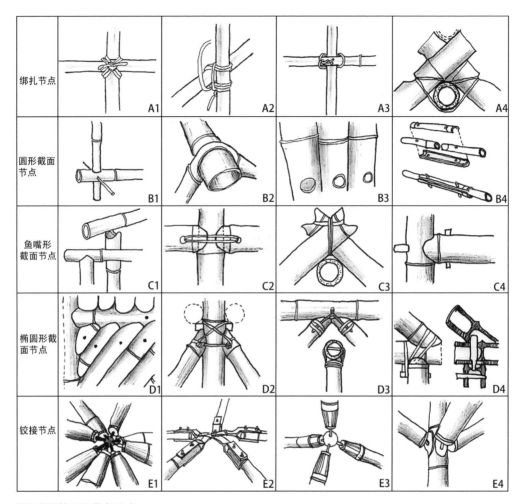

绑扎节点	A1	A2	A3	A4
圆形截面节点	B1	B2	B3	B4
鱼嘴形截面节点	C1	C2	C3	C4
椭圆形截面节点	D1	D2	D3	D4
铰接节点	E1	E2	E3	E4

原竹建筑的五类节点形式

建筑背立面

洞穴空间

屋面结构　　　　　　二层的光影效果

一层的彩色棉帘　　　　　　　　　大楼梯效果

圆形截面节点、鱼嘴形截面节点、椭圆形截面节点、铰接节点。绑扎节点是指两根及两根以上的竹子相连接的节点形式；圆形截面节点是指一根竹子穿过另一根竹子的节点形式；鱼嘴形截面节点是指一根竹子的竹端与另一根的竹身相接或是多根竹子的竹端需要固定在一起的节点形式；椭圆形截面节点是指竹端与竹身相接的角度大于 90°或小于 90°的连接方式；铰接节点是指多根竹子的竹端分别以不同角度相连接的形式，通常与铰接点的形式和材料有关。这种可以就地取材的原竹建构类乡土建筑既节约了成本，又便于房屋以后的修葺、拆装。

美国迈阿密迪尔林庄园木瓦住宅

Richmond Cottage with Oak shingles at Deering Estate, Miami, Florida, US

节点性质: 木瓦屋面
建造地点: 美国迈阿密戴德县
建造时间: 1896 年
主要智慧: 使用橡树材料制作木瓦

迪尔林庄园木瓦住宅始建于 1896 年,是迈阿密戴德县最古老的两层轻型木结构建筑之一,也是卡特勒镇遗留下来的最后一栋建筑。起初,该建筑用于里士满和他的妻子日常居住。1899 年,该建筑向上加建了一层,由早期的住宅功能改变为旅馆功能,它也是该地区唯一的一栋旅馆。里士满旅馆于 1915 年关门歇业,不久之后,查尔斯·迪尔林(Charles Deering)买下了它,并对它进行了重新翻修,用于自己家人在冬季居住生活。由于该建筑的轻型构架以及加建的原因,屋面不再适用于使用荷载较大的黏土瓦,又因为迈阿密盛产橡

木瓦屋面的局部一

木瓦屋面的局部二

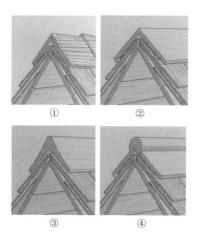

橡树木瓦的屋脊构造

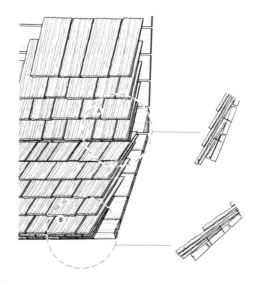

橡树木瓦的檐口构造

木瓦住宅场景一

木瓦住宅场景二

木瓦住宅场景三

树，所以住宅的屋面采用了橡树材料制作的木瓦进行铺设。经过多年的风化作用，橡树木瓦呈现出灰白色的质地。

橡树木瓦的主要优点是重量轻、成本低，同等规格的木瓦是黏土瓦顶重量的十分之一，因此采用橡树木瓦的屋面结构较为轻盈。橡树木瓦不易燃烧，具有较好的阻燃性能；在保温隔热方面也表现出较好的性能，使建筑室内冬暖夏凉。一般而言，单片木瓦的长度为300~380mm，宽度为75~200mm，具体尺寸通常取决于橡树的半径。当木瓦用于较大尺

木瓦住宅场景四

木瓦屋面的局部三

度的屋面时，屋面的坡度通常比使用黏土瓦的坡度要大一些。橡树木瓦在不同坡度的屋面檐口处做法略有不同：屋面坡度较大时，通常在檐口节点处铺设两层木瓦；屋面坡度较小时，通常在檐口节点处铺设三层木瓦。此外，为了防止雨水渗透及风荷载的影响，一般采用交叉脊的方式，要么将两块等长等宽的木瓦按照"人"字形搭接在一起，要么将整块木料切割出完整的"人"字形木瓦。

英国伦敦兰贝斯区石板房

Slate Slate House in Borough of Lambeth, London, UK

节点性质：　石板瓦屋面
建造地点：　英国伦敦兰贝斯区
建造时间：　19 世纪
主要智慧：　石板材料的利用
图片来源：　李春秋，http://www.stoneroof.org.uk/Traditional/Roofing_traditions.html/

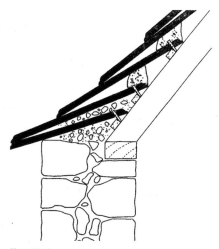

檐口构造

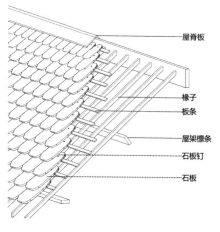

屋脊板
椽子
板条
屋架檩条
石板钉
石板

石板屋面整体构造

英国石板房早在中世纪即已出现，考古学家在这一时期的建筑遗址中曾发现不同类型的沉积岩和变质岩石板。13—14 世纪，记录石板屋面营建工艺的文献也被发现，其中归纳了当时石板建筑的各种应用类型——从极负盛名的大教堂到普通小型公建，从富人的城堡别墅到简朴的平民农宅。19 世纪末，英国石板房的营建工艺达到顶峰，之后受两次世界大战以及新兴廉价材料竞争的影响，逐渐走向没落。

随着乡土遗产保护实践与理论在 20 世纪下半叶的迅速发展，因其独特的"在地"特征和优越的建筑性能，英国学界和政府十分重视石板房，并制定了相应技术标准。也正是基于这一原因，英国各地新建石板房大致趋同，其差异主要体现在石材类型和铺设工艺的不同。石板房主要分布在岩石资源丰富的山脉地区，周围都会有专门的采石场。英国用于开采石板材料的采石场众多，尽管大多数采石场规模较小且仅服务于就近的片区，但它们共同构成了石板房产业链里重要的一环。

英国石板房在营建工艺上体现了较高的生态智慧。

在材料选取方面，石板材料就地取材于岩石资源丰富的山区，所选岩石类别一般为沉积岩或其受外因影响产生的变质岩。该类岩石层理构造明显，很容易分割成石板。石板的耐久性较强，建成的房屋可屹立百年而坚固不倒。石板瓦的类型有两种：随机石板（Random Slates）和标准石板（Tally Slates）：前者石板大小、厚度各不相同，外缘参差不齐，颜色纹理丰富；后者石板尺寸大小、厚度均有统一标准。随着石材开采加工技术的改进，更大更薄的石板进入市场，加工厂可生产出不同规格的产品。例如由变质板岩生产的石板瓦在颜色和形制上更加多变，只是其耐久度不如沉积岩类石板瓦。

在屋面铺设方面，采用最原始的手段对石板材料进行加工处理及排列固定。首先是石板生产，采用手劈或霜冻的方法将开采的石材进行分割。手劈法指人工直接使用凿子沿原石的层理面劈开，得到合适厚度的石板。霜冻法则是将原石打湿，置于空旷处，待冬季霜冻，石材内部的水分冰冻自然膨胀，即自行分解成石板；这种反复冻结和解冻的方式，可以获得比手劈法更薄的石板。然后是石板加工，将分割出的石板进行边缘处理、顶部打孔。修整边缘往往使用锤子或凿子，处理原则应保证有一条最直的边作为石板的顶边，然后相邻的两条边应大致垂直于顶边，而石板的尾部边缘通常是弯曲的或参差不齐的自然形状。之后是石板铺设，将处理好的石板按一定的排列方式、从檐口到屋脊依次层叠排列，并用板钉穿过石板打孔的位置固定在屋顶上，再盖屋脊板。石板瓦的铺设方式主要包括单搭法（Single-lap Slating）、双搭法（Double-lap Slating）和三搭法（Triple-lap Slating）3 种，分类标准根据上层投影覆盖的石板瓦数量考量，数量越多意味着石板瓦铺设密度越高。最后是石板固定，早期多用木、骨材料制作的板钉进行连接，后期发展为金属板钉。

手劈石板法　　　　　　　　　　　　　霜冻石板法

锤击并修整石板边缘　　　　石板的直角处理　　　　预留 25mm 直径的孔洞

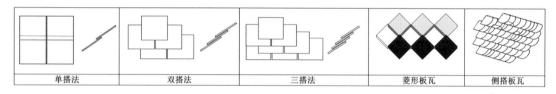

| 单搭法 | 双搭法 | 三搭法 | 菱形板瓦 | 侧搭板瓦 |

石板瓦的搭接固定方式

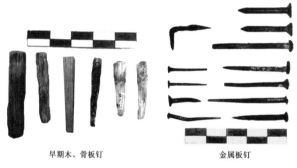

早期木、骨板钉　　　　　　金属板钉

板钉

迎风脊　　　　　　交叉脊

在屋脊构造中，为防止雨水渗漏及风荷载影响，通常采用迎风脊和交叉脊两种方式。前者是将坡屋面顶端两侧的石板按照"人"字形搭接，迎风面的石板较长；后者是将两侧石板按照"人"字形插接在一起。这些做法保留了石板材料本身的特质，使建筑充分地融于自然。

兰贝斯石板房

石板屋面局部

中国山东枣庄山亭区石板房

Stone Slate House in Shanting, Zaozhuang, Shandong, China

节点性质： 石板瓦屋面

建造地点： 中国山东省枣庄市山亭区

建造时间： 清朝

主要智慧： 石板材料的利用

卫星图

山西平顺县石板房

石板房的营建工艺多源于当地民间智慧，因地理环境、气候条件、岩石资源以及技术水平的不同，做法均有差别，且材料以使用页岩类沉积岩为多。我国的石板房建筑主要分布于六大山区，包括太行山区的山西平顺县石板房、沂蒙山区的鲁南枣庄山亭区石板房、秦岭山区的河南淅川县的土地岭石板房、乌蒙山区的贵州布依族石板房、怒山山区的云南贡山县怒族石板房和台湾山区的排湾族石板房。各地石板房建筑存在着明显南北差异，北方建筑墙身多为石木承重结构，跨度小、体量小，石板瓦面大而厚重，建筑风貌较粗犷；南方建筑墙身多不承重，石板材料仅作围护结构，屋面荷载主要由墙内木柱承担，跨度略大，体量感明显，石板瓦面小而单薄，建筑风貌较为细腻。

枣庄市山亭区石板房部落（又称石头部落），位于距枣庄市山亭区驻地约 5km 的翼云山上。因其民居均采用当地

河南淅川县石板房

贵州布依族石板房

的薄石板、石块建成，以石块或石条砌垒成墙，以石板或石片覆顶而建成房屋，被当地人称为"石板房部落"。石板房的建造历史可追溯至 200 余年前，它是目前山东境内规模最大，保存最完整的石板房建筑群。石板房是山东鲁南山区先民们的一项创造，当地人因地制宜、就地取材，利用漫山遍地的石头和石板，修造成一幢幢具有地方特色的石板房，用石块垒成院墙，用石条砌成小路台阶，就连家中用的桌凳、灶具、盆缸也全部取材于石料。

　　山亭区石板房使用的石板材料为翼云山脉广泛存在的页岩石板，其屋面通常为硬山形式，所铺石板在檐口处均挑出一定的距离以起到排水效果。石板的尺寸大小不一，小到直径

云南贡山县石板房

10cm 的碎石料，大至 1m^2 的巨型石板。屋面石片瓦下一般铺设茅草和秸秆，厚度在 10cm 左右，主要起到保温、防潮作用。石板房的建造方式为实墙搁檩，檐檩与搁置于前后的墙体形成一体，整体屋面屋架结构由前后两堵青石墙体承重。屋面覆盖的做法一般是在山墙上搁放檩条，再在檩条上铺设由秸秆、稻草、谷草等交叉密编而成的保温层，最后从屋面底部依次搭接大小不一的石片当作瓦片，这种石片一般做一至两层，以起到固定保温层的作用。石板自檐口至屋脊片片叠压，仅靠自重和石片下面的椽子构成，但能经得住风吹雨打。这样搭建，就让屋面显得整齐自然，屋面石板块的搭接也变得规整有序。

台湾排湾族石板房

枣庄山亭区石板房一

枣庄山亭区石板房二

枣庄山亭区石板房三

英国伦敦石板蛇形画廊
Serpentine Gallery, London, UK

节点性质： **石板瓦屋面**
建造地点： **英国伦敦**
设计时间： **2019 年**
主要智慧： **石板材料的利用**
图片来源： **于涛**

    石板房在英国的历史较为久远，经历漫长的岁月发展至今，有着一套完整的营建工艺和修缮方法。为更好地保护以及传承石板房这一传统技艺，当地成立了板岩协会等组织，并出版了一系列关于石板屋面的技术指引书籍来规范及优化其做法，使其能更好地传承及更新。营建工艺方面，详细总结了石板的生产、加工、固定做法，并将不同的做法严格分类。修缮保护方面，从支撑结构、设计施工、石板质量、风化影响以及外力作用等方面，研究了其破损原因，并制定了检查评估、修复传承的政策方法。如今，石板房在国外得到了较好的保护与传承，并通过不断地创新与优化，探索传统做法的现代演绎。

    2019 年，日本建筑师石上纯也设计了伦敦蛇形画廊，实现了传统石板房工艺与现代设计做法的结合，是英国石板房现代演绎的典型案例。展廊的结构由现代的钢柱以及网架组

蛇形画廊场景一

蛇形画廊场景二

成，屋面则采用了传统的石板屋面形制。屋面由两层石板层层堆叠构成，它们之间夹有防水层，所以雨水会顺利排出。整栋建筑以自然为背景，从建筑环境的角度出发，强调自然和有机的概念，通过轻质独立支柱支撑，让建筑看起来像从地面上生长出来一般。设计灵感既源于自然，又取自英国传统石板屋工艺。室内暗灰色的石板顶棚形成了一个如洞穴般自然放松的场所。该设计体现出建筑师秉持的"自由空间"哲学，即"在人造建筑和现有建筑之间寻求和谐"。

蛇形画廊场景三

蛇形画廊室内局部一　蛇形画廊室内局部二

蛇形画廊屋面局部一　　　　蛇形画廊屋面局部二

荷兰羊角村茅草屋
Giethoorn, Steenwijkerland, Overijssel, the Netherlands

节点性质： 茅草屋面
建造地点： 荷兰艾瑟尔省斯滕韦克兰自治市
建造时间： 1230 年
主要智慧： 茅草材料的利用

　　自新石器时代起，欧洲各国已经出现利用茅草营建民居的工艺，这种工艺在英国、荷兰等以农业为主的国家应用得非常普遍。茅草通常是经过"收集压实、草绳编织、上覆黏土、晒干成型"等几个阶段与竹、木、藤、黏土等材料混合配置成茅草垛，再将茅草垛层层铺设

茅草屋的建造过程

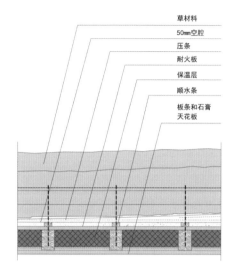
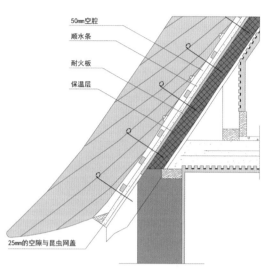

茅草屋面的纵截面与横截面

茅草屋局部一

茅草屋局部二

茅草屋局部三

在木梁架之上，还要加铺多层宽大的树皮用于防水，最上面铺几层茅草或棕榈叶，其厚度多超过 20cm。这种茅草屋面的建筑构造，不仅可以防水防潮、保温隔热，还具有就地取材、拆建方便的特点。除了用于铺设屋面之外，茅草类乡土材料还可以通过编织、绑扎等技术建造墙身等部位。典型的茅草屋面做法主要包括三种：长麦秆苫顶、芦苇苫顶和经过梳理的小麦秆、黑麦秆或两者混合的苫顶。因为材料特性不同，这三种做法在处理方式、施工工艺乃至外观形式上均有所差异。由于西欧地区以温带气候为主，全年温和多雨，屋面的茅草厚度通常要达到 30~40cm；一方面能确保冬暖夏凉；另一方面在降雨季节，普通的降水仅能渗入茅草屋面表面以下约 2cm，即使遭遇大雨，被浸湿的茅草屋面厚度也仅占总体的 17% 左右，茅草屋面的内部仍可保持干燥。

荷兰羊角村土壤贫瘠且泥炭沼泽遍布，除了芦苇与薹草属植物外，其他植物不易生长，因此当地居民利用芦苇苫盖屋面。芦苇的质地较硬而不易剪切，所以使用芦苇铺设屋面之前必须用一种名为"长柄耙子"的工具，将芦苇的端部统一修理平整，再通过将铺设之后的芦苇屋面端部剪切成正圆形的方式来创造一个光滑表面，便于雨水滑落。为了有利于屋面排水，茅草屋多建成尖顶，屋面起坡至少 45°，檐口出挑外墙的最短距离一般为 50cm。茅草屋面的使用寿命在 30~50 年之间，工匠们常在旧茅草上覆盖一层新茅草以延长其使用年限，这种翻新方法使得茅草厚度不断增加，有些茅草屋面厚度可达 2m。影响茅草屋面使用年限的因素主要包括屋面的形状和坡度、环境、茅

茅草屋局部四

草材料以及工匠的技术和经验等。其中，茅草材料是影响茅草屋面使用年限的主要因素之一，茅草屋的平均使用年限在 28 年左右。以小麦或水稻秸秆为主要材料的屋面一般为 20~30 年，而以棕榈叶为主要材料的屋面可以维持在 30~40 年。此外，合理的后期维护也能够将屋面的使用年限延长 10 年左右：通常要对茅草进行梳理，避免茅草翘起、鸟类做巢；对屋脊的茅草而言，更需要每隔 6~8 年更换一次。

茅草屋局部五

茅草屋局部六

荷兰屈伦博赫茅草屋

Thatched Cottage of Lodwick Van Der Selhoff 21 Culemborg, the Netherlands

节点性质： **茅草屋面**

建造地点： **荷兰屈伦博赫洛德维克·范·德塞尔霍夫**

建造时间： **不详**

主要智慧： **茅草材料的利用**

图片来源： **Henry A, Heritage E**

茅草固定

以荷兰屈伦博赫茅草屋为例，通过茅草加工、茅草固定、茅草铺设、排水处理、性能改进等工艺步骤，分析复合茅草屋面的加工铺设过程。

在茅草加工环节，主要包括 3 个步骤。首先是收割茅草，每年五六月小麦丰收后，用镰刀将麦穗收割并去除碎秸草之后，把长秸秆的茎对齐，收集成一堆。然后是加工茅草，在麦草生长旺盛的地区，一般使用清水将成堆的麦草浸湿使其更柔韧，之后去除叶子和杂草，将短秸秆分离、剔除，然后把加工过的麦草捆扎成 30~35cm 宽、0.7~1cm 厚的草垛。通过这种方式加工的麦草被称为"长麦草"。在麦草种植较少的地区，则使用精梳小麦取代以上方式——这种麦秆加工方式需要精心处理，以免压碎秸秆。收割的麦秆用结实的木架子捆扎成捆，然后用耙子把它梳理干净；或者用有刺的工具横穿麦束，剔除叶子和杂草，形成精梳的麦秆。如果以芦苇为材料，也需要使用"长柄耙子"这种工具将茅草的端部统一修理平整；而且芦苇端部的断面一般呈正圆形，精梳小麦端部的断面则因斜切而多呈椭圆形。最后是阻燃防腐处理，先将收割的茅草经过自然干燥或窑内烘干至含水率达到 20%~30%，再放入阻燃防腐剂药液池中，常温浸泡 24 小时；浸泡后，用麻绳和铁丝将自然晾干的茅草捆扎成直径为 7~12cm 的模块，便于应用。

在茅草固定环节，通常将茅草直接与支撑结构绑扎，从灌木榛子或柳树上取下直径 20~30mm 的长而直的枝条（或钢钩）用植物茎、麻绳（或铁丝）将其绑扎，再用金属件穿过茅草，绕过椽子或木条，约束捆紧茅草。

茅草铺设

在茅草铺设环节，通常应从坡屋面的檐口开始铺设、固定茅草。首先，捆绑成捆的长麦草、精梳麦秆或芦苇应在檐口处铺成一排。然后，当使用"长麦草"时，应每隔两排用绳索与屋面结构层固定，而当使用精梳麦秆或芦苇时，则应在每一排铺好之前，在木板条上放置一层薄薄的麦草作为"填充物"，用以防止麦草从板条之间探出，有助于保持屋顶坡度、增加麦草厚度并便于屋面修复。之后，自下而上沿水平

收割茅草　加工"长麦草"　　　　　　精梳麦秆　　　　修整芦苇

局部一　　　　　　　　　　　　　　　　　　局部二

方向铺设茅草，铺设好一层后再铺设下一层。最后，将每一束成捆茅草的末端对齐，形成屋面的最终表面。这一过程也要使用 "长柄耙子"，用它把茅草向上推至平整，形成相对光滑的表面。在靠近屋脊处，用绳索或木条编织成网将茅草层固定。

　　为顺利排出落在茅草表面上的雨水，需要尽可能地创造出光滑的表面："长麦草"容易弯曲，先用带刺的耙子耙去屋面松散材料并使茎秆对齐；精梳过的麦秆屋面再用剪切工具修整，使雨水能快速流出屋面；芦苇质地较硬，只能通过修整的方式以创造一个光滑表面，便于雨水排放。被捆绑成捆的长麦草、精梳麦秆或芦苇放置在山墙的上方，以便把墙上的雨水排出。此外，为防止雨水透过茅草层渗入室内，通常在茅草层下铺设青瓦或防水卷材；屋脊相接处铺设山瓦以防止雨水从屋檐上方渗入室内。

外观

埃塞俄比亚阿拉巴茅草屋
Thatched Cottage of the Alaba Tribe, Ethiopia

节点性质： **茅草屋面**
建造地点： **埃塞俄比亚阿拉巴**
建造时间： **不详**
主要智慧： **茅草材料的利用**
图片来源： **邵明战**

    非洲多数地区气候炎热、经济落后，以农业作为主要产业。因为具有就地取材、遮阳避雨、易于搭建及通风良好等特点，茅草屋是非洲最典型、最传统的民居类型之一。与其他地区茅草屋不同的是，非洲茅草屋虽然形态各异，或圆或方、或长或短、或高或矮、或尖脊或平顶，但它们的建造方式大致相近。其中最为典型的非洲茅草屋是埃塞俄比亚阿拉巴部落的茅草屋。埃塞俄比亚为非洲东北部的内陆国，有"非洲屋脊"之称，由于纬度跨度和海拔高度差较大，虽然地处热带，但是各地温度冷热不均，易出现局部干旱或多雨的天气。即使这样，该国的茅草屋屋面厚度也并不是非常厚实。

    其屋面构造做法为：用藤条在立柱之间编织出内外两层篱笆，用湿泥填充压实以形成连续的外墙，篱笆中间预留门窗洞口；用藤条或长木条作为屋面龙骨，搭建出坡屋面或平屋面；

阿拉巴茅草屋外观一   阿拉巴茅草屋外观二

屋面覆以长度约 160cm 的龙须草，一层压一层地铺平，厚度通常为 15cm 以上；最后用麻绳将茅草一圈圈地盘绑在屋面龙骨上。

阿拉巴茅草屋外观三

非洲茅草屋营建工艺简易、成本低廉，且茅草屋面较为粗糙，密实性较差，屋面承载力较低，抗极端天气能力较差，外观观感质量较低。在热带大草原上，这样的茅草屋并不能完全抵挡日晒、雨淋和白蚁的破坏，以至于非洲部落居民不停地盖房、迁居、补墙、换柱、加草。由于长久以来经济生产水平低、传统守旧和神鬼迷信的观念作祟，以及当地沙土不易烧结成砖等原因，如今他们大多数依然采用茅草屋的居住方式。

阿拉巴茅草屋外观四

日本寿原町云上酒店别馆
Yusuhara Marche, Kōchi, Japan

节点性质：　茅草屋面及屋身
建造地点：　日本四国高知县梼原町
建造时间：　2012 年
主要智慧：　茅草材料的利用
图片来源：　https://kkaa.co.jp/

　　隈研吾（Kengo Kuma）设计的日本云上酒店别馆位于梼原町小镇，四周群山环绕，其主干道上分布着很多以茅草覆顶的茶室。这些茶室经常举办茶道文化沙龙，并为到访者提供免费茶水。在日本的民居、寺庙等传统建筑中，茅草得到了普遍利用。以干燥茅草为主要材料建造的茅草屋，朴实无华，具有浓郁的乡土气息；它们在受到强烈光照、极端温度、雨雪等自然灾害影响后，易于人们对其开展修复工作。

　　在这栋建筑中，茅草被赋予了新的使命，它们在建筑师手中变成了一种新型的幕墙元素。茅草幕墙的基本模数是 2000mm×980mm，茅草经过压实后制成规格统一的工业化模块。在非主要立面上，茅草幕墙模块垂直插入预制钢龙骨中固定即可；而在主要立面上，茅草幕

外观一

外观二

中庭内部场景一   中庭内部场景二

墙模块通过水平旋转轴与建筑的主要结构龙骨连接，上层模块的尾部覆盖住下层模块的头部，不仅模块能够自由旋转，为中庭创造灵活采光、自然通风的机会，而且有利于后期使用过程中对茅草进行维护。正立面的屋面檐口出挑深远，减小了雨淋对于茅草的影响，延长了茅草的使用寿命。

从室内场景中可以看出，建筑的主体结构由雪松原木支撑，这一开敞的中庭主要用于售卖当地特产；酒店功能位于中庭之后，只有 15 个房间，室内统一采用了简洁自然的装饰风格。

茅草幕墙模块局部   酒店房间内景

中国湖北红安土坯墙

Adobe Wall, Hongan, Hubei, China

节点性质：　土坯砖墙
建造地点：　中国湖北省红安县
主要智慧：　土坯制砖

　　土坯墙是指利用未经焙烧的黏土、砂土或者经过简单加工的原状土作为主要材料，辅以木、石等天然材料构筑的建筑外墙。因为便于就地取材和造价低廉等特点，土坯墙至今在世界各地广泛存在，而且它具有良好的保温与隔热性能，能够真正地做到节能减排。

　　泥土往往是地表最易获取的材料之一，可以弥补建造房屋运输石块以及采集量大的缺点。土坯墙并非所有部分都用土建造。一般而言，紧缺的石材或沙砾常用于基础或近地面处的墙体，之上再进行土坯墙的砌筑。用于建造的泥土材料，基本上都是一种掺着水和草的泥土，多采用栽培面耕植层以下的土壤，也叫生土。生土常被固定在两块木板间，然后晒干，或者直接做成土坯风干。从已经被破坏的土坯墙可以看出，墙内多以木柱作为加强支撑，从而形

场景一　　　　场景二

成了以土和木为主的混合结构支撑系统。此外，有些地区，比如多地震或多战乱的地区，其土坯墙的材料构成略有不同。从破损墙体的断面可以看出，墙体中间填充了很多碎石、碎砖或瓦砾，这其实也是古时候先辈充分利用现有废弃资源的"生态智慧"。

先辈在制作土坯时，一般先按照土坯墙的大致尺寸做出木质模板，然后将生土喷水润湿后覆在模板中，再进行夯实、成型。如果土质的黏结度不够，可以掺入麦秸等材料，还可以掺入炉渣等以提高土坯的保温性能。砌筑墙体时，首先要砌筑好坚实、稳固的基础，有些地方使用砖石，有些地方使用纯净的黄土夯筑，然后进行土坯墙的砌筑。在土坯垒砌的过程中，常伴以土泥或草泥逐层构筑。垒砌使用的土坯大小不一，长30~60cm，宽20~25cm，厚3~5cm。砌筑一般采用平铺横砌、逐层错缝的方法，每层与每层以及土坯与土坯之间用1.5cm厚的黏土连接。此外，为改善室内外的饰面效果，墙体表面多进行抹灰处理，有的仅在内墙抹灰。这种以土坯为主要建筑材料的砌筑方法对后来"秦砖汉瓦"的发明和使用具有重要的里程碑作用。

土坯墙式样一

土坯墙式样二

土坯墙式样三

中国福建古田镇前洋村彩色夯土墙
Rammed Earth Wall of Qianyang Village, Gutian, Fujian, China

节点性质：　**夯土墙体**
建造地点：　**中国福建省古田镇前洋村**
建造时间：　**2019 年**
主要智慧：　**彩色薄壁生土技术**
图片来源：　**季宏**

　　福建省古田县卓洋乡北部的前洋村坐落在青山秀水之间，古村落格局历经数百年，仍较好地保持了原始风貌。现存明、清、民国三个时期的传统建筑 70 余栋，多为用极富闽东传统特色的夯土墙建造的古朴民居。这些民居就地取材，营造出自然、质朴、原生态的美好生活环境，展现了前人的生态建造智慧。闽东地区传统民居中的夯土墙非常奇特，从其夯筑技法到夯土墙体的品质、外观，都有着特殊的艺术风格。当下，这 70 余栋建筑面临着技术性

前洋讲书堂场景一

村标

保护的问题。

　　福州大学建筑遗产保护研究所在季宏博士的带领下，对该村落的生土技术进行了许多具有创新性的研究。首先，采取"长板椽筑"的夯筑技法，巧妙地使用预埋的不同规格的竹筒，对椽杆和脚手架进行固定，相邻单元墙体板块间采用"小错位"搭接，很好地解决了模架的稳固性与墙面的平整度问题，既稳固又避免了因墙体的整体收缩而产生的裂缝。其次，根据当地土质特征、结合地方气候特点，依据改性材料的改性机理对生土进行生态改性，改善了传统生土材料不耐水、强度低和稳定性差的弱点。再次，在骨料拌和物中加入染料，使生土产生了不同的表面肌理效果，创造出不同于传统厚重色彩的颜色，更加丰富、艳丽、美观的生土质感，在建筑形态中靠自身的材质、肌理呈现出完美的效果。最后，将夯土做到很薄，接近 6cm，同时又能达到坚固和抗震的要求。这些对传统生土材料现代改良的方式，凝结着当地居民和科研工作者无穷的生态智慧，体现出人们对乡村、土地、自然的亲近与热爱。

前洋讲书堂场景二

前洋讲书堂场景三

前洋讲书堂室内场景

北极因纽特人冰屋
Inuit Igloo, Arctic

节点性质： **极地住宅**

建造地点： **北极圈附近**

建造时间： **不详**

主要智慧： **冰砖建屋**

图片来源： https://www.veer.com/，https://www.bbc.co.uk/programmes/p009lv1r/

冰屋内的因纽特人一家   夜晚屋内篝火

在北极圈附近的西伯利亚、格陵兰岛、阿拉斯加以及加拿大的北冰洋沿岸，居住着一群黄种人，被称为"因纽特人"。他们在极寒的环境中至少生活了4000多年，其赖以生存的居所是一种由雪砖砌筑而成的冰屋。在几乎没有任何建筑材料可以借助的茫茫冰原上，因纽特人发明了一种切实可行的半球状冰屋建造方法：首先，他们将冰雪加工成一块块长方体的冰砖，作为冰屋的主要砌筑材料备用；然后，选择合适的地点，向下开挖出适宜的建造范围；之后，将冰砖按照圆拱形进行砌筑，在即将封顶时，他们会准确地切下冰砖的斜角，使对接

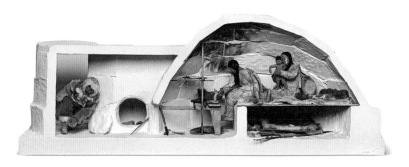

冰屋剖面模型

的两块冰砖相互吻合，获得应有的整体强度；最后，为了解决冰砖之间存在的缝隙问题，借助油灯的使用，使内壁慢慢融化，从穹顶流下的雪水通过不断地冻结和融化，既增加了冰屋的气密性，又提高了结构的整体强度。虽然冰屋的主要材料是冰雪，但是其室内温度却能维持在 15℃左右，这与室外 −50℃左右的气温形成巨大的反差。

为了抵御极寒天气，冰屋在建造时不仅要求结构上的稳定，而且对外形的要求也颇为讲究。在选择制备冰砖的冰雪材料时，要预先使用工具探试，避免取冰的雪层中含有冰层和空气层，尽可能地选择质地均匀、软硬适当的雪层，而由风吹积而成的雪层通常被因纽特人视为最合适的原材料。此外，按照穹顶形态建造的冰屋，一方面能够最大程度地节省材料的使用，另一方面有助于减轻人工劳动强度。在极寒地区，冰屋体型系数的大小对建筑能耗的影响也非常显著，体型系数越小，说明同样建筑体积下的建筑外表面积越小，散热面积越小，建筑能耗就越低，对建筑节能就越有利。一般而言，在常见的建筑形态中，半球形的体型系数最小，而完全散布的体块体型系数最大。因此，半球状冰屋最能体现出因纽特人的营造智慧，也正是因为圆滑的外壁大大减少了风阻力，冰屋才能经得起最猛烈的暴风雪侵袭。

步骤一

步骤二

步骤三

步骤四

步骤五

步骤六

步骤七

步骤八

步骤九

4.2 废弃资源类节点

中国福建泉州蟳埔村蚵壳厝
Kekecuo, Xunpu, Quanzhou, Fujian, China

节点性质： 牡蛎壳外墙
建造地点： 中国福建省泉州市
建筑层数： 1 层
建造时间： 元末明初
主要智慧： 牡蛎壳废弃物再利用

　　泉州地区的"蚵壳厝"主要分布在丰泽区东海街道的蟳埔村、法石社区、东梅社区和金崎社区等处，其形成时间最早可追溯至元末明初，并从明清一直演变至 20 世纪中期。泉州蟳埔是"海上丝绸之路"起点的重要港口之一，"蚵壳厝"的形成离不开当地地理、经济、社会、风俗等因素的影响。我国学者徐润林对"蚵壳厝"中的牡蛎壳样本进行鉴定后，发现近江牡蛎的使用占很大比例，这一物种在古泉州附近海域并没有分布，由此推断它们是海运文化发展中的外来物。据他考证，载满丝绸、瓷器的商船自蟳埔港起航，行至东南亚地区（也可能还包括南海北部沿海）卸货后，为避免船载不足导致船只航行不稳，需要增加船只负荷，船员就近在海边找来大量废弃牡蛎壳作为压舱物，带回泉州后又遗弃在蟳埔海边。

　　营造"蚵壳厝"是闽南先民面对环境压力和生存困境不得以采取的一种技术选择。因为在明朝万历年间，泉州沿海一带经常受到倭寇袭扰，家园数度遭到破坏，先民无力按照以前的工艺技术修建新宅；而且在 1604 年，古城泉州以东海域发生 8 级地震，泉州及邻区破坏严重，房屋几乎全部倾倒，可用资源极度匮乏。废墟中破碎的砖石瓦砾，连同遍布海边与村落的大量废弃牡蛎壳一度成为营建家园的主要建筑材料。

　　"蚵壳厝"以废弃牡蛎壳砌筑而成，历经几百乃至近千年风雨仍岿然屹立，可称之为取法自然的典范。同时，它们兼具保温隔热性、结构稳定性、防水隔声性以及多样化的乡土特征，能够充分体现出先民的生态智慧。在重建家园时，闽南先民需要先处理好大量建筑拆解后的废旧材料，因此他们进行了极富创造力的尝试：横砌碎砖，竖砌杂石；当砌至一定高度后，砖、石互调位置，左右前后砖石对搭，使墙体受力状态平衡；使用牡蛎壳灰浆黏合，辅以糯米、

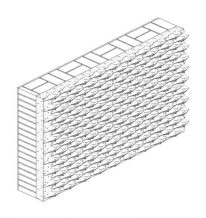

"蚝壳屋"墙体的简化样式　　　　　　　　　"蛎壳厝"墙体构造关系

泉州蟳埔村"蛎壳厝"

红糖水等；石材通常要比碎砖略凹，形成"出砖入石"的做法；而牡蛎壳则被较粗放地嵌饰于外墙外侧的不同位置，一方面起到防水固墙的作用，另一方面使"蚵壳厝"显得森森凛凛、固若金汤，面对倭寇侵扰表现出极强的对外防御性。

　　"望之若鱼鳞然，雨洗益白"是"蚵壳厝"的主要特征。因为砌筑方式的原因，墙身表现得较为粗犷。在墙基以上部分，内墙一般是以杂碎土石通过"干打垒"方式砌筑，外墙上的牡蛎壳从表面看似乎没有经过大小甄选，表现得毫无章法，但是仔细分析后却发现大者顺砌、小者丁砌的规律。在砌筑位置上，明清期间牡蛎壳多用于入口的左右外墙、宅院后墙外侧，而近代则多用于屋檐、地基标高处以及外墙中间或外窗两侧。

近现代以装饰为主的"蚵壳厝"

"蚵壳厝"的残垣断壁

"蚵壳厝"拆解后散落的牡蛎壳

蟳埔女剥蚵劳作

"蚵壳厝"中牡蛎壳排列的典型图样

蚵田养殖用的 Z 形棚架

中国广东广州小洲村蚝壳屋

Oyster Shuck House, Xiaozhou, Quanzhou, Guandong, China

节点性质： **牡蛎壳外墙**

建造地点： **中国广东省广州市**

建筑层数： **1 层**

建造时间： **东晋末年**

主要智慧： **牡蛎壳废弃物的再利用**

沿海先民开采牡蛎壳并用将燔烧获取石灰

广州地区"蚝壳屋"的形成最早可追溯至东晋末年，距今已经 1500 余年。当时卢循（晋义熙年间人）率起义军占据广州后，曾受朝廷招安，后却被朝廷派军围剿，溃败后他的浙江籍余部进入现今的珠三角地区躲避。同时为适应海禁，在沿海建立定居地，通过捞贝、捕鱼等方式从周围环境中获取食物资源。唐代刘恂在《岭表录异》中描述了他们的野居生活——"唯食蚝蛎，垒壳为墙壁"——这成为目前已知对"蚝壳屋"最早的文字记录。南宋宁宗庆元年间，朝廷的高压政策迫使珠玑巷（古代中原人士向岭南迁徙的聚居地）村民辗转南迁至珠三角地区，为珠三角带来了中原先进的水田耕作方法和筑堤防洪的营建技术。

对营造"蚝壳屋"的岭南先民而言，为了能立足于沧海沙田并繁衍生息，他们必须先缓解建材资源普遍不足的环境压力：石材、木材等资源极其匮乏，周边泥土甚至水稻土均为红壤等酸性土壤，不适宜制砖与种植。在开辟"沙田"的筑堤过程中，先民发现了隐匿于沙田之下的贝丘遗址[1]。"今掘地至二三尺，即得蚝壳，多不可穷，居人墙屋率以蚝壳为之……"。少量的木、石、砖等原材料与贝丘遗址中沉积的牡蛎壳一并成为"那时那地"建筑营建技术

---

1. 贝丘遗址：古代人类居住遗址的一种，以包含大量古代人类食剩馀抛弃的贝壳为特征。大都属于新石器时代，有的则延续到青铜时代或稍晚。

体系下最为廉价、天然的建筑材料。

牡蛎壳等贝类废弃物的经济价值主要体现在以碳酸钙为主的无机质部分占牡蛎壳质量的 90% 以上，因此以牡蛎壳替代石灰岩燔烧可更为高效地获取石灰产量，且比石灰岩的获取成本更为低廉，获取途径更为容易。明代宋应星在《天工开物》中记载："凡温（州）、台（州）、闽、广海滨，石不堪灰者，则天生蛎蚝以代之。"牡蛎壳这一特质决定了它在"田瘠狭民"的广州地区的社会需求量和经济价值要远远高于泉州地区。清末人黄朝槐在《宁阳杂存》卷一《物产篇》中记载："蚝蚬壳所锻之灰，用最广，垩墙、粪田、坚诸物多用之。蚝蚬塘多为近水之乡，所据以夺利，故有兴讼者"。可见，牡蛎壳粉粒对广州沿海地区的酸性水稻土具有改良效用，且这种粉粒配置的灰浆在砌筑中发挥出较强的黏结力已被认识；此外，也说明当时通过养殖获取牡蛎壳资源的生产型经济已难以满足需求，先民转向攫取式开发具有丰富资源的贝丘遗址。

在取材建造"蚝壳屋"过程中，岭南先民表现出的生态智慧主要体现在对贝丘遗址的开发利用上。"蚝蛎，房也，民取之海"。因贝丘遗址由牡蛎壳含量很高的贝类废弃物和少量黑色淤泥等组成，尚未胶结成岩，经先

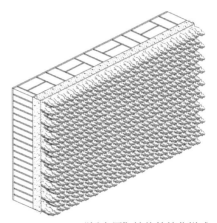

"蚝壳屋"墙体的简化样式

"蚝壳屋"墙体构造关系

现代原汁原味用于展示的"蚝壳屋"

广州小洲村"蚝壳屋"

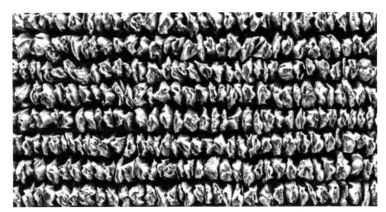

"蚝壳屋"中牡蛎壳排列的典型图样

民捞取至岸滩堆积后，经海浪冲洗和风吹雨淋，其堆积物下部析出方解石结晶，约半年时间，便胶结为坚硬的岩石，类似于"现代海滩岩"。其稳定性可保证之上修建的堤岸能够耐受风浪的冲击和侵蚀，史籍记载也证明了珠江口"沿海坦田多系蚝壳基址"。再有，因牡蛎壳质地坚硬、外观朴实，应用适宜的砌筑技术，可取得同砌砖一样的效果，这一尝试造就了小洲地区"砌墙环诸，十室而九"的文化景观特征。

与福建"蚵壳厝"呈现的粗犷风貌不同的是，"蚝壳屋"的表现较为细腻。因为选用的牡蛎壳多大小相仿、长 20~30cm，摆放方式统一为上盖在下、下臼在上，上下两排按照"丁"式同时砌筑（单墙）或使两两并排组合砌筑（双墙），呈现出清晰、明确的水平线条，墙顶则多用砖瓦压顶，再以灰浆封固。在砌筑位置上，现存的做法多通过三面完整的蚝壳墙和一面普通的砖墙围合出一间"蚝壳屋"。

中国福建泉州牡蛎壳再利用技术孵化中心

The Incubation Center of Shell Recycling Techndogy, Quanzhou, Fujian, China

节点性质：　**构造加法**

建造地点：　**中国福建省泉州市**

建筑层数：　**1 层**

建造时间：　**现代**

主要智慧：　**牡蛎壳废弃物的再利用**

　　牡蛎壳在沿海渔村建筑外墙中应用的情况主要包括两种：一种用于因"拆旧建新"产生的既有砖混结构住宅外墙（特别是合院住宅的东、西山墙），目的在于整治传统乡村风貌和改善热工性能；一种用于乡村新建建筑的外墙，目的在于考量沿海新型乡村的氛围营造。其再利用的原则包括：保持其原有的纹理与质感，充分发挥其夏季遮阳、降温的性能，适当增加其保温构造措施。

　　为了便于利用现代施工过程中的通用方式砌筑，经过收集、分类后的牡蛎壳，在乡村自营工厂中加工成牡蛎壳预制构件，在现场施工时通过"构造加法"的方式与外墙实现构造连接，形成一种由废弃资源构成的复合墙体构造。在牡蛎壳预制试块的制作过程中，一般要经过收集牡蛎、分拣大小、浇筑框架、配置砂浆、手工砌筑等步骤，才能形成一个完整的牡蛎壳－

蚵田养殖用的 Z 形棚架

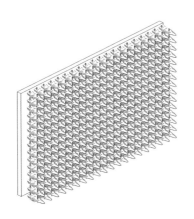
利用竖向钢筋连接的墙体做法

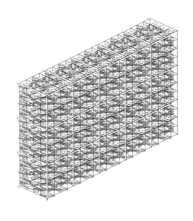
利用钢丝笼聚拢的墙体做法

牡蛎壳材料试块的制作场景

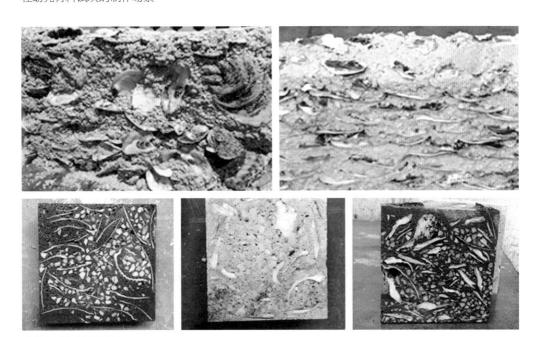
由牡蛎壳制作的试块

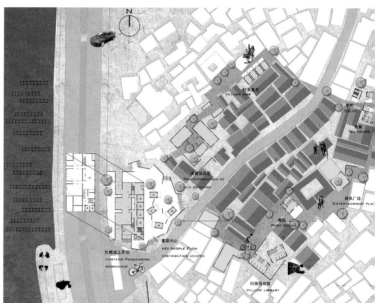

沿海"近海养殖区－工厂现场"的推广机制

既有建筑改造示意

砂浆复合体砌块。在具体应用过程中，根据地域的不同，并结合产业化的要求，试制了 3 种新式景观构造。①建筑装饰、降温一体化外墙板，在混凝土预制墙板的表面复合连接一层牡蛎壳，成品通过金属件将预制蚝壳墙板挂到建筑外墙上，保持风貌的同时遮阳降温。②外窗外遮阳构件，按照遮阳百叶的做法，采用钢丝将牡蛎壳在垂直方向上串联在一起，减少进入窗户的太阳直射光线，并通过蒸发降温，冷却进入室内的热空气。③贝壳混凝土试块，将贝壳、混凝土、石子等混合，经过优化工艺参数、振捣压实，待成型后将试块切割成不同规格的混凝土薄片或砌块，可广泛用于建筑内外墙和室内外地面。

中国福建泉州"出砖入石"外墙
Brick Stone Bump, Quanzhou, Fujian, China

节点性质：　砖石混合砌筑
建造地点：　福建省泉州市新桥社区
建造时间：　明朝
主要智慧：　震后废弃材料的再利用

场景一

场景二

断面

"出砖入石"是一种利用当地石材与红砖交错叠砌的独特砌墙方式，出现在福建闽南红砖区的乡土建筑中。该建筑形式主要分布在泉州，此外，厦门、漳州、台湾也有少量分布。关于"出砖入石"做法的起源，有很多不同的说法：一是元明时期，在闽浙沿海地区的民宅受到倭寇及土匪的侵袭后，灾民重新利用碎砖烂石砌墙；二是泉州曾在 1604 年发生 8 级地震，震后人们利用倒塌的残砖碎石，混砌成墙；三是明末清初，民宅受战乱影响成为废墟，百姓利用残垣断壁重建家园；四是闽南人在战乱时期为了自保，采用砖石混筑以增强墙体的牢固性。

场景三

样式一

样式二

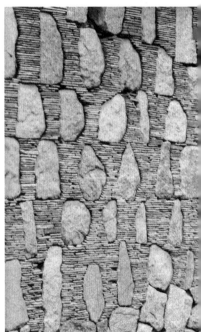

样式三

场景四

场景五

场景六

　　"出砖入石"外墙的做法是将砖瓦与石块混合砌筑，砖瓦采用横叠的方式，并向外凸出，石面采用竖砌的方式，向内凹入，每砌至一定高度，砖瓦与石块便互换位置，以形成相互咬合的状态，确保墙体受力平衡。墙的厚度一般在 30~40cm 之间，这种墙极少用于民宅的正面，而多用于其山墙、围墙、防火巷等次要墙面。"出砖入石"的材料可以就地取材：石材多选取当地的花岗岩块，质地坚硬，耐久性强；砖块则采用泉州民居特有的建筑元素——红砖；砂浆是红土、田土和白灰的混合物，有时也掺入牡蛎壳灰、糯米或者糖水。"出砖入石"的外墙结构牢固：墙中的石块相当于现代结构中的剪力墙，砖瓦相当于填充墙，加之塑性与黏度良好的砂浆，保证了墙面的整体与结构的牢固。花岗岩拥有较高的抗剪强度，这种特殊的结构保证了墙面的抗震性能。即便不在墙体外侧涂抹任何浆材，在几百年间历经各种自然灾害之后，还有许多"出砖入石"的民宅依旧完好无损。这种砌墙方式，结构上坚固防盗，室内冬暖夏凉，且外观独具乡土特色。

样式四

伊朗库斯坦难民营超级土坯房
Baninajar Refugee Camp Housing, Kusestan, Iran

节点性质: **沙袋筑屋**

建造地点: **伊朗**

建筑层数: **1 层**

建造时间: **1992—1995 年**

主要智慧: **低成本的超级土坯建筑系统**

图片来源: https://www.calearth.org

　　超级土坯房也称为麻包房，是指使用装满沙石材料的麻包砌筑而成的建筑。沙石麻包在历史上多用于军用设施或临时防洪堤坝等，其建造工艺简单快捷，并且建造成本极低。沙土麻包最早在建筑上的使用者是德国建筑师杰诺特·明克（Gernot Minke），他首先开发了用沙石麻包建造外墙的技术，而这种技术在住宅建筑上的应用以及推广则是由美国建筑师纳德·卡利利（Nader Khalili）完成的。20 世纪 70 年代，卡利利一直在伊朗的乡村地区从事传统土坯房的相关建设工作。卡利利移居美国后，于 1991 年创立了加州生土艺术与建筑研究所（The Californian Institute of Earth Art and Architecture，简称 The Cal-Earth Institute)，他通过对伊朗本土土坯建筑的广泛研究，再经过详细地原型设计，开发了一种更为经济环保的超级土坯建筑系统。卡利利认为这种麻包房可以用于发生地震、火灾、飓风、洪水、战争等紧急情况时或贫困地区，能够为灾民提供临时住房，为穷人提供廉价住房，甚至可以通过技术改进用于在月球上建房。

　　麻包房的主体均由麻包砌成，麻包的填充物为当地的沙石材料，为了提高耐久性，可以按照沙石体积的 10% 添加水泥、石灰、沥青等作为稳定剂。由于麻包可以堆叠成各种形状，

建造场景一

建造场景二

建造场景三

建造所用的工具

建造场景四

卡利利和他的超级土坯房

所以不论是弧形的墙面还是半球形的穹顶，均可以轻松实现，从而节省了用于屋架、屋面等的材料使用。麻包房具有良好的保温性能，白天时外墙会吸收热量，到晚上逐渐冷却，将热量释放至内部空间。外墙从吸收热量到释放热量，这之间大约存在 12 小时的延迟，正是由于这个原因，在昼夜温差较大的地区，麻包房的保温性能表现得非常突出。麻包房的建造技艺简单且速度较快，一个熟悉其工艺的工匠可以很容易地开展培训，团结普通的百姓合力建造房屋。这种不需要使用机械、仅通过最低限度的培训的方式，使该过程更加经济实惠，而且在缺少专业建造人士的偏远地区也能够完成。

　　建造麻包房的主要步骤有 4 个。首先，开挖地基，形成填满碎石或混凝土的浅沟。然后，现场取土，将其填充至预先准备好的麻包内。之后，按照错缝搭接的方式层层铺设麻包袋，在砌筑一圈之后，使用捣固器将麻包袋进行按压，既可以防止其移位并保持每层的水平，又可以使麻包墙体成为坚固的自支撑体系。即使麻包在未来以某种方式被移除，沙石墙仍然会屹立不倒。此外，在上下两层麻包之间，通常需要置入 1~2 根带刺的铁丝，进一步起到加固稳定的作用。在砌筑过程中，预留出门窗的洞口，并通过叠涩的方式建造出穹顶。最后，封顶后应尽快涂抹一层土、水泥或石灰等混合涂料，避免麻包长时间处于阳光的暴晒之下。

阿尔及利亚塑料瓶屋
Plastic Bottle House, Algeria

节点性质： **塑料瓶砌墙**

建造地点： **阿尔及利亚**

建筑层数： **1 层**

建造时间： **1970 年**

主要智慧： **废弃塑料瓶的再利用**

图片来源： https://www.unhcr.org/

  在如今人类的日常生活中，塑料瓶每天都在被消耗着，随之产生了大量的废弃塑料瓶，对环境造成了一定的污染和危害。在非洲北部阿尔及利亚的难民区，一些工程师将塑料瓶装满沙之后用于搭建避难所。这种以废弃塑料瓶为主要建筑材料的房屋被称为塑料瓶屋，由一位名叫塔特·莱赫比布·布雷卡（Tateh Lehbib Braica）的工程师设计。布雷卡从小生活在阿尔及利亚南部难民营中，其设计的初衷就是为家人提供一处遮风避雨的地方。由于当地夏季十分炎热，气温最高能达到 50℃左右，令人难以在户外活动。之前，这里的房屋大多为土坯或砖房，屋面一般采用金属板，这些房屋不仅隔热效果差，而且很容易受到定期横扫撒哈拉沙漠的暴风雨影响。2015 年 10 月，由暴风雨导致的洪水吞噬了 17000 栋房屋和 60% 的社区基础设施，造成了数千栋房屋被破坏、拆除。在灾害面前，亟须一种低成本的快速建造技术为灾民提供抵御恶劣天气的场所。塑料瓶屋以其自身优良的性能，有效地解决了灾区所面临的问题，而且得到了大力推广。

  塑料瓶屋的建造工艺较为简单：首先，铺设一层沙石，并在其上摆放一圈装满沙子的塑料瓶，用水泥抹平后作为建筑的基础；然后，将装满沙子的塑料瓶像砌砖一样，一圈圈地摆放上去，并用水泥砂浆将其固定；最后，用水泥砂浆涂满墙面并抹平后，再用混凝土预制构

建造过程一

建造过程二

建造过程三

建造过程四

建造过程五

建造过程六

建造过程七

建成效果

件搭建屋面，并在其最外层刷上浅色涂料。这样建成的塑料瓶屋，不仅实现了废弃物的再利用，而且使房屋具有了降温隔热、防风防沙的性能。按照圆柱体搭建的建筑外围护结构，充分利用了空气动力学原理，可以有效防止风沙聚积，解决了方盒子建筑易阻风沙的问题。外墙涂抹白色涂料，可以反射多达 90% 的太阳辐射热。双层屋面中夹有通风层，也提高了隔热效果。此外，两扇窗户特意设置于不同高度，以加强通风，这样的设计使得室内温度比一般房屋低约 5℃。当地搭建一栋普通砖房通常需要花费 1000 欧元左右，而构造相似的塑料瓶房却仅需其成本的 1/4，即 250 欧元。使用 6000 个塑料瓶，由四名工人在一周之内即能建好一栋塑料瓶屋。

加拿大不列颠哥伦比亚省玻璃瓶屋
Glass Bottle House, British Columbia, Canada

节点性质：　**玻璃瓶砌墙**

建造地点：　**加拿大不列颠哥伦比亚**

建筑层数：　**2 层**

建造时间：　**1952 年**

主要智慧：　**废弃玻璃瓶的再利用**

图片来源：　https://www.tripadvisor.com.au/Profile/Packmichein?fid=2b96251f-
　　　　　　fdb4-4511-9634-6b77e9310d4c

　　加拿大不列颠哥伦比亚省的玻璃瓶屋是一栋住宅建筑，由超过 50 万个废弃的防腐液玻璃瓶制成，其建造者是大卫·H·布朗（David H. Brown）。布朗曾经在丧葬行业工作了 35 年，令其印象深刻的是，工作过程中使用了大量的防腐液，而承装它们的玻璃瓶很难被有效降解。退休后的他一直设法将这些废弃的玻璃瓶重新利用。于是，布朗开始拜访同行朋

外观一

外观二

外观三

外观四

友，请他们帮忙收集瓶子，直到 1952 年，他收集的瓶子多达 50 余万个，总重超过 250 吨。之后，他利用这些玻璃瓶为自己搭建了一栋住宅。玻璃瓶屋建成之后，因其如同城堡一般的奇特外观，引起了社会的广泛关注。随着慕名而来的游客增加，玻璃瓶屋开始对外开放，成了网红之地。

玻璃瓶屋直接坐落于有一定高差的岩石上，整体呈三叶草状，有三个主要房间，总面积约为 1200m²。首层包括带大壁炉的起居室、主卧室和俯瞰露台的厨房；次卧位于二层，禁止游客参观。其他构筑物包括带水车的许愿井、拱门、花园棚、桥梁、几座塔楼以及石阶、通道等，这些景观小品也主要采用玻璃瓶建造。玻璃瓶屋的建造工艺并不复杂，将玻璃瓶当作砖块，瓶口朝向建筑内侧，一层层排列铺设，在瓶子之间使用黏合剂，在瓶颈之间连接木条并用水泥砂浆填实瓶与瓶之间的缝隙。玻璃瓶屋使废弃物得到了充分的二次利用，体现出较高的生态智慧。

局部一

局部二

局部三

4.3 其他类节点

阿拉伯半岛阿卜哈石屋
Abha Traditional Old House, the Arabian Peninsula

节点性质： **防雨、隔热**

建造地点： **阿拉伯半岛**

主要智慧： **就地取材，适应当地气候**

图片来源： https://www.khammash.com/

阿卜哈石屋外观一

石屋是西亚阿拉伯半岛特有的一种建筑类型，以沙特阿拉伯阿西尔地区的阿卜哈石屋最为典型。虽然阿拉伯半岛处于热带沙漠气候区，夏季炎热干燥，冬季气候温和，年降水量在 200mm 以下，但是阿卜哈却因为西邻红海，气候相对湿润，雨水也较为丰沛。这种气候特点造就了当地的一种结构独特、造型优美的石屋住宅，它的历史可以追溯至 14 世纪。

阿卜哈石屋主要从以下三个方面迎合了当地的气候、文化、环境。在选取材料方面，当地分布着较多的山地，便于就地取材，石材、木材和泥土是主要的建造材料，它们配合在一起能发挥保温隔热作用，

阿卜哈石屋外观二

阿卜哈石屋外观三

阿卜哈石屋外观四

费南生态旅馆外观一

费南生态旅馆外观二

使得室内冬暖夏凉，很好地适应了当地气候。在结构构造方面，首先，为了保持建筑的稳定性，石屋平面多为方形，基础也是利用块状石材垒砌而成的。其次，石屋墙体分为上下两部分建造：下半部分主要以大石块垒叠、小石块插缝的方法建造，一般不使用泥浆黏结；上半部分主要选取夯实的土坯进行砌筑，墙体厚度一般不小于 15cm，而且每间隔 0.5m 平铺一层出挑的石板，并向上逐层垒叠，石板挑出时向下微微倾斜。这种做法除了能抵御风沙，还能在雨季避免雨水冲蚀土墙，起到排水的作用，又能在炎热天气下遮挡太阳光线，起到遮阳隔热的作用。此外，建筑完成之后，使用灰泥封顶，并在屋面和墙角位置满涂白色灰泥，以减少太阳辐射热和并防止雨水对墙面的冲刷。在传承文化方面，石屋传承了伊斯兰教《古兰经》中所倡导的"宁静家居"及"夫妻生活"，体现于明确的房间布局上，使男女各有独立的房间。阿卜哈石屋的做法也出现在约旦达纳生物圈保护区（Dana Biosphere Reserve, Jordan）的费南生态旅馆（Feynan eco-lodge）中，做法基本上是一致的。

费南生态旅馆外观三

费南生态旅馆外观四

费南生态旅馆外观五

印度陶土管生态空调

Ecological Air Conditioner with Clay Tube, India

节点性质： **降温**

建造地点： **印度**

主要智慧： **被动蒸发冷却、零能耗**

图片来源： http://www.cunman.com/new/、https://inhabitat.com/

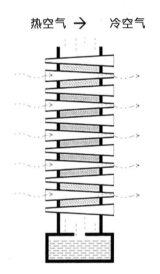

原理示意图一

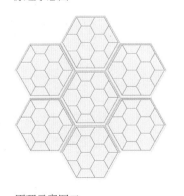

原理示意图二

　　由于地理位置的原因，夏季的印度十分炎热。为此，印度的老百姓想方设法进行隔热降温，生态空调是其中的一种措施。它是一种几乎不使用电能即能降温的装置，从外观上看像是一个现代艺术作品。这种生态空调使用一个圆形的金属框架，将一个个陶土管捆绑在一起，组装成了类似蜂窝的形状。陶土管是采用低成本、高可塑性的黏土制作而成的，因而环保、无污染并能完全回收。这种蜂窝状的空调是基于仿生学的原理设计的，只不过蜂窝是正六边形的孔，而此空调上的孔洞由类似圆柱形的陶土管道构成。

　　长期以来，印度人使用由陶土制作的器皿来冷却水。因为陶土具有多孔性，而且带有极性，可以与水分子的正极相结合，因此这种材料的器皿具有很好的吸水性。印度生态空调也是利用了这种特性：水分子在从陶罐的内壁层渗透至外壁层的过程中，扩大了水的浸润面积；在夏季高温下，热空气在通过用水浸泡过的陶土管道后，水的被动蒸发加速并且吸收了空气中的热量并且加速了空气流动，实现了更好的冷却降温效果，也成了天然的"空气冷却剂"。室温下的循环水可以在所有陶土管的内表面微循环流动，从而对所有通过陶土管进入室内的热空气进行集中冷却。该空调所用的陶土材料和钢材价格均十分低廉，每个平民家庭均能承担得起；而且在使用过程中，一般仅需很少的电力用于水泵抽水。此外，该空调对水的需求量很小，因为水是循环、反复地泵

成品效果

入使用。储水用的水箱既可按月加水，也可按水箱的容量加水。该空调还可以在完全零能耗的情况下使用，仅需每天往装置上手动浇水一至两次，这种方式多用于电力供应不足的地区。目前，这种生态空调已经在印度得到了普遍应用，不仅用于住宅，而且可以用在公共广场、市场、政府大楼、学校、购物中心、医院等场所，还可以在冬天使用，通过在陶管中种植蕨类植物和苔藓植物，以起到"空气净化器"的作用。

中国台湾金门浦边周宅

The Drainage Line of Pubian Choa' House, Jimen, Taiwan, China

节点性质：　排水工程
建造地点：　中国台湾金门县浦边
建筑层数：　1 层
建造时间：　1813 年
主要智慧：　巳山放水
图片来源：　陈荣文，陈炳荣

　　浦边周宅由明朝郑成功部将周全斌之族裔周文、周弁父子集资兴建。建筑采用传统闽南式三落大厝右加落归的格局，前埕右侧建一曲形堂屋，前、中落明间墙体为木架栋构造，宅内尚存有诸多清代典契与束脩等史料，对研究前清时期金门社会变迁具有重要的参考价值，配合台闽地区古迹维护第三期计划，于 2002 年 3 月修复，2004 年 4 月竣工。

　　2005 年，笔者参加了由台湾有关部门资助修复的金门县县定古迹——浦边周宅工程。期间，在前落和中落之间的天井东南方位上，发现了一条较为特殊的排水路线，依次串接了 3 个几何形状的窨井，分别为方形、圆形和三角形，这一做法当年尚属孤例。对于窨井所具有的沉淀淤泥和便于检修的常规作用之外，其连接而成的排水路线，在营建策略上大多蕴含着先辈对于生存吉制的向往。民宅营建之初，一般依据主房中轴的分金线，推导出其坐向方位，

鸟瞰图

前埕竣工场景

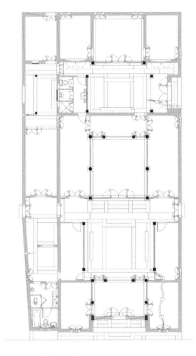

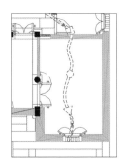

排水路线上的三个窨井

周宅的排水路线

再通过坐山位和放水法，对建筑组群间的排水路线与排水口位置做出规划。经过测算，浦边周宅坐向为巳亥兼干巽，而放水路线位于"干"，符合放水法的规制，而这条排水路线上串接的 3 个窨井，以方形、圆形和三角形的形态成组出现，极有可能蕴含着除了祈求吉制外的另一种隐形逻辑。

浦边周宅中的 3 个成组出现的几何窨井，正是上述隐形逻辑的直接体现。一方面我国传统上有"水宜曲不宜直"的说法，即庭院中的水不可直流而出，至少需转 3 个弯，每一个弯处作一个窨井；另一方面体现出周宅先辈出于对"万变不离其宗"的方形、圆形和三角形所构成的人造秩序的依恋、寄托，同时畏惧不可控的外力对生存繁衍的干扰、破坏，将子孙后代归结为"立于天地之中的人"，以求"人定胜天"和家运永受天地庇佑的朴素哲学思想。由此，不难理解这 3 个窨井与"放水"路线上的 3 个关键转折点对应规划的隐形逻辑，除了祈求吉制之外，还隐含表达着"寻根的需要"。德国精神分析学家爱利希·弗罗姆认为人的成长意味着脱离自然和母亲的襁褓，但失去根基是可怕的，必须找到新的"根"基才能树立抵抗的信心并感到安全，个体往往通过依恋象征物（比如几何原型）来建立自己存在的根基。

参考文献

[1]Bonabeau E, Theraulaz G, Dorigo M. Swarm intelligence[M]. New York: Oxford University Press, 1999.

[2] 黄琬文 . 复杂之形 : 新集居形式试探 [D]. 台南 : 成功大学建筑研究所 ,2005.

[3]王江 , 臧金源 , 赵继龙 . 基于规则的城市自组织设计与开发——以荷兰阿尔梅勒市奥斯特伍德为例 [J]. 现代城市研究 ,2019(12):17-24.

[4]Almere G, Zeewolde G. Intergemeentelijke structuurvisie Oosterwold[EB/OL]. (2013-07-27)[2020-8-31]. https://www.almere.nl/fileadmin/files/almere/bestuur/beleidsstukken/10.7_Intergemeentelijke_structuurvisie_Oosterwold__2013_.pdf.

[5] 白 川 村 议 会 . 白 川 乡 是 什 么 样 的 地 方 [EB/OL]. (2018-11-27)[2020-08-31].http://ml.shirakawa-go.org/cn/wkp.

[6]Municipalidad Distrital de Comas. Historia De Comas[EB/OL]. [2020-08-31]. https://www.municomas.gob.pe/distrito/historia.

[7]Turner J. Lima barriadas today[J]. Architectural Design, 1963, 33(8): 375-6.

[8] 王江 , 郭道夷 , 赵继龙 . 双重组织驱动的住区开放设计模式研究——以印度阿兰若住区为例 [J]. 城市发展研究 ,2018,25(09):117-124.

[9]Silva E. Incremental Housing Project in Bogotá, Colombia. The Case Study of Ciudad Bachué[D]. Berlin: Technische Universität Berlin, 2016.

[10] 王江 , 李小蛟 , 杨阳 , 等 . 国际大规模增量住房的建设与实践 [J]. 建筑师 ,2020(06):46-53.

[11]Chiu K H V. Old Town of Ghadamès[EB/OL].(2008-01-19)[2020-08-31]. http://whc.unesco.org/en/list/362/gallery/&maxrows=36.

[12]DPZ CoDesign. Seaside[EB/OL]. [2020-8-31]. https://www.dpz.com/projects/seaside.

[13]Anderson H C. Amphibious architecture: Living with a rising bay[D]. San Luis Obispo: California Polytechnic State University. 2014.

[14]English E. Amphibious foundations and the buoyant foundation project: Innovative strategies for flood resilient housing[C]//International Conference on Urban Flood Management sponsored by UNESCO-IHP and COST Action C. 2009, 22: 25-27.

[15]Worlfd Monuments Fund. New Gourna Village[EB/OL]. [2020-8-31]. https://www.wmf.org/project/new-gourna-village.

[16]Sangath. Aranya Low Cost Housing[EB/OL]. [2020-08-31]. https://www.sangath.org/projects/aranya-low-cost-housing-indore.

[17] 白川村议会. 和田家 [EB/OL]. (2018-11-27)[2020-08-31]. http://ml.shirakawa-go.org/cn/guide/63.

[18] 郭志静, 孟福利. 工匠精神下吐鲁番麻扎村葡萄晾房生态智慧研究 [A]. 中国设计理论与世界经验学术研讨会——第二届中国设计理论暨第二届全国"中国工匠"培育高峰论坛论文集 [C].2018.

[19]Age Khan Development Network. Aranya Community Housing[EB/OL]. [2020-08-31]. https://www.akdn.org/architecture/project/aranya-community-housing.

[20]Henry A, Heritage E. Practical Building Conservation: Roofing[M]. Aldershot: Ashgate Publishing Limited,2014.

[21]Kengo Kuma and Associates. Community Market Yusuhara[EB/OL]. [2020-08-31]https://kkaa.co.jp/works/architecture/community-market-yusuhara.

[22]BBC Natural World. Building an igloo[EB/OL]. (2010-08-25)[2020-08-31]. https://www.bbc.co.uk/programmes/p009lv1r.

[23] 王江, 赵继龙. 贝类废弃资源类乡村文化景观的生成机理与活态保护 [J]. 新建筑,2017(02):101-105.

[24]CalEarth. Superadobe: Powerful Simplicity[EB/OL]. [2020-08-31]. https://www.calearth.org/intro-superadobe.

[25]World Habitat. Plastic bottle houses transform life for refugees[EB/OL]. [2020-08-31]. https://world-habitat.org/world-habitat-awards/winners-and-finalists/plastic-bottle-houses-sahrawi-refugees.

[26]Packmichein. Glass Bottle House[EB/OL]. (2013-07-01)[2020-08-31]. https://www.tripadvisor.com/Profile/Packmichein.

[27]Khammash Architects. Feynan Eco-lodge. [EB/OL]. [2020-08-31]. https://www.khammash.com/projects/feynan-eco-lodge.

[28]Wang L. Brilliant zero-energy air conditioner in India is beautiful and functional. [EB/OL]. (2017-09-14)[2020-08-31]. https://inhabitat.com/brilliant-zero-energy-air-conditioner-in-india-is-beautiful-and-functional/innovative-cooling-installation-in-new-delhi-4.

[29] 陈荣文, 陈炳荣, 王江, 等. 金门县县定古迹浦边周宅修复工程·工作报告书 [M]. 金门: 金门县政府出版社,2005.

[30] 王江, 范伟, 郭道仪, 等. 基于形状语法的 AutoCons 可持续住区生成设计研究——以章丘岳滋新村为例 [J]. 西安建筑科技大学学报（自然科学版）,2021,53(03):421-428.

后记

写一本有关生态智慧的书籍，这一想法早在2011年就有了。后来，恰逢赵继龙教授提议撰写"非常绿建"丛书，我也希望能结合自己所长参与其中，为建筑师和相关研究者提供一个审视绿色建筑的全新视角。

本书以乡土生态智慧作为主题，对文化遗产与绿色建筑进行关联研究，剖析了乡土建筑的生态智慧及现代价值，侧重于从文化遗产的视角找寻一些能适应性再生的乡土生态智慧案例，通过转化、转型使之服务于绿色建筑设计实践。在案例类型的界定上，考虑到基于尺度层级能更好地将案例分类、厘清，于是就有了文中以社区维度、建筑维度、节点维度作为限定的章节。本书的文字量并不大，但希望通过简短的文字把每个案例的核心思想表述清晰。此外，在案例选择上，因为市面上相关书籍极少，因此，很多案例是"偶然"获得的，而"特意"获得的案例比较少。这也说明了绝大多数的乡土生态智慧具有"此时、此地"的特征，它们存在于"地球村"的每一个角落，需要一双善于发现的眼睛，才能将其公之于众，所以这也是本书撰写的最大挑战之一。

虽然这是一本小书，但也花费了不少时间和精力。从理论建构、素材筛选，到具体的图片收集、拍摄及文字撰写，再到整体的出版，都需要尽心尽力完成。书中很多素材是2016年我在美国迈阿密大学建筑学院访学时收集和整理的资料，期间在学校、学院、社区的图书馆里翻阅了大量书籍，并调研了相关案例，拓宽了本书的资料范围。还有一部分关于欧洲的案例，我在2017年赴荷兰和比利时进行专业考察期间，现场进行了确认和深究，并补充了一手资料。此外，在书稿的图片绘制和文字整理等方面，我的硕士研究生臧金源、郭道夷、蓝天翔、李小蛟、赵伯伦、范伟、郭芸麟、高海岑、王势超、田芸等同学均付出了很多辛勤劳动；还有一些热心的朋友、同学以及曾经的学生等，为本书的案例积极提供素材，在此一并表示感谢。但受能力、水平所限，加上时间有限，本书在系统性、全面性及理论性上仍有一些欠缺，希望能得到读者谅解。

王江

2021年4月